하리하라의 **바이오 사이언스**

세상에서 가장 흥미로운 쇼, 유전의 비밀

하리하라의
바이오 사이언스

유전과 생명공학

이 은 희 지음

살림

머리말

세상에서 가장 흥미로운 쇼,
바이오 사이언스의 세계로 초대합니다!

커튼이 드리워진 창 너머로 여러 사람들이 초조한 듯 서 있습니다. 무엇을 애타게 기다리는지 연신 시계바늘을 쳐다보며 창가에서 기웃거립니다. 몇몇 사람들은 커튼 너머로 희미하게 보이는 무언가를 더 잘 보기 위해 유리창으로 가까이 다가가기도 하고요. 사람들의 기다림이 극에 달했을 즈음, 벽시계는 3시를 가리켰고 드디어 커튼이 열렸습니다. 사람들은 기다리던 만화영화를 보게 된 아이들처럼 유리창에 바싹 다가섰고 유리창 안쪽 방에서는 오늘의 주인공이 다른 사람의 손에 번쩍 들려 창 밖에서 대기하고 있던 열렬한 팬들 앞에 당당히 자신의 얼굴을 드러냅니다. 그리고 그것을 바라본 사람들의 얼굴에는 저마다 기쁨 가득한 미소가 피어오르네요.

이 광경은 하루에도 몇 번씩 산부인과 병원 신생아실 앞에서 벌어지는 풍경입니다. 대개의 병원에서는 아기를 낳으면 신생아를 따로 신생아실이라는 곳으로 옮겨 보살피곤 합니다. 면역계가 취약한 아기의 건강을 보호한다는 차원에서 가족들과의 면회도 차가운 유리벽 너머로 잠깐씩 얼굴을 보여 주는 것이 전부이지요. 그것도 아기들이 피곤해한다며 정해진 면회시간에만 커튼을 열어 주곤 한답니다. 그래서 신생아실 면회시간이 되면 갓 태어난 아기는 수퍼스타 못지않게 열렬한 애정을 보여 주는 팬들에 의해 둘러싸이게 되는데요, 아기를 보기 전 가족들이 가장 궁금해하는 것은 '아기가 누구를 닮았나' 입니다. 사실 갓 태어난 아기는 양수에 퉁퉁불어 있는 데다가 산도(産道)를 통과하면서 두상이 찌그러져 있기 일쑤여서 비슷비슷해 보입니다. 그런데도 가족들은 아기를 보며 눈은 엄마를 닮았고, 코는 아빠를 닮았고, 입은 할아버지를 닮았다는 둥 저마다 아기 얼굴에 대해 품평회를 벌이지요.

아기는 엄마 아빠를 닮은 모습으로 세상에 태어납니다. 아기의 얼굴은 얼핏 보면 엄마와 아빠와는 전혀 다른 얼굴인 듯하지만, 자세히 들여다보면 눈매나 콧날에서 엄마와 아빠의 모습이 매직아이처럼 떠오르곤 합니다. 이렇게나 작고 여린 생명체에게서 자신의 얼굴을 발견한다는 것은 이제 막 부모가 된 사람들에게 더할 나위 없이 벅찬 감동을 가져다주곤 하지요. 도대체 아이는 어떻게 해서 부모의 얼굴을 닮는 것일까요?

자식이 그 부모를 닮은 모습으로 태어난다는 것은 오래전부터 알려진 사실이었습니다. '콩 심은 데 콩 나고 팥 심은 데 팥 난다' 라는 속담처럼 자손은 조상의 모습을 물려받습니다. 예전 사람들도 이런 현상에 대해서는 잘 알고 있었습니다. 아무리 해괴한 일이 많은 세상이라고 해도 고양이가 강아지를 낳거나, 젖소가 망아지를 낳지는 않지요. 나아가 그들은 같은 종류의 생물이라도 좀더 우수한 형질의 개체에서 우수한 형질의 자손이 태어난다는 것까지 알고 있었습니다. 그래서 농부들은 오래전부터 열매가 유난히 많이 열리는 종자들을 골라내어 재배한다든가, 크고 힘센 황소를 종우(種牛)로 사용한다든가 하는 일들을 일상적으로 해 왔습니다. 이처럼 생명체가 그 조상의 특징을 닮는다는 사실은 오래전부터 상식으로 분류될 만큼 당연한 일이었지만, 어떤 이유로 이런 현상이 일어나는지에 대해서는 정확히 알지 못했습니다.

인간의 호기심은 유전에 대한 비밀을 계속해서 벗겨 나갔습니다. 그러나 그 과정은 결코 순탄하지만은 않았습니다. 평생을 바쳐 찾아낸 유전의 정체를 사람들에게 알리지도 못한 채 숨을 거둔 학자들도 있었고, 불온한 정치적 야심에 이용당해 많은 이들을 불행하게 만든 경우도 있었지요. 하지만 사람들은 연구를 멈추지 않았고 이제 유전은 깊이 감춰 두었던 속살을 상당 부분 보여 주기에 이르렀어요. 그렇다면 여기서 질문을 하나 던져 볼게요. 지금까지

수많은 난관과 희생 속에서도 유전의 비밀을 벗겨 내려고 노력했던 이유는 무엇이었을까요? 그것은 생명을 지금처럼 존재하도록 하는 가장 기본적인 과정이 바로 유전이기 때문입니다.

유전의 신비는 곧 생명의 신비입니다. 그리고 실제로 유전의 비밀을 풀어 가는 과정을 통해서 우리는 생명이란 것이 얼마나 신비하고 귀중한 존재인지 깨달을 수 있습니다. 생명에 대한 지식을 알아 가는 과정은 단순히 '지식의 확장'을 넘어선다는 것도요. 동물 행동학자인 이화여대 최재천 교수가 '알면 사랑한다'라고 했던 것처럼, 생명에 대한 지식을 알아 가면서 우리는 생명에 대한 사랑을 키워 나가야 합니다. 생명은 교과서 속에 고정된 지식이 아니라 우리와 함께 살아 숨 쉬는 지식입니다. 그렇기 때문에 이를 안다는 사실 자체가 우리네 삶의 많은 부분을 바꿔 놓을 수 있지요.

유전에 대한 이해가 곧 생명에 대한 이해이며, 유전의 과정들을 아는 것은 생명의 신비로움을 깨닫고 생명을 사랑하게 되는 길로 이어진다는 것을 알아야 합니다. 유전의 비밀을 아는 것은 단순히 아기가 어떻게 엄마 아빠를 닮은 모습으로 태어나느냐에 대한 답만을 주는 것은 아니기 때문입니다. 이것은 바로 생명의 비밀을 밝히는 열쇠랍니다.

이은희

CONTENTS

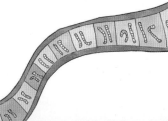

01 유전의 법칙을
발견하다

여러분들은 아이가 엄마 아빠에게서 각각 절반씩의 유전자를 물려받아서 태어난다는 사실을 알고 있습니다. 그런데 왜 같은 엄마 아빠에게서 태어난 형제자매들은 생김새며 성격이 모두 다른 걸까요? 그리고 과연 얼마만큼 다른 걸까요? 우리가 부모에게 물려받지만 꼭 같지는 않은 것, 그것은 바로 유전자입니다. 산술적으로 같은 부모에게서 태어나는 자식들은 모두 엄마에게서 절반, 아빠에게서 절반씩의 유전자를 받지만, 반드시 동일한 부분만을 물려받지는 않습니다.

이를 이해하기 위해서 예를 들어 볼게요. 유전자를 구슬에 비유해서 엄마는 빨간색 구슬 20개와 노란색 구슬 20개를, 아빠는 파란색 구슬 20개와 초록색 구슬 20개를 가지고 있습니다. 그리고 엄마 아빠가 모두 눈을 가린 채 각각 자신이 가진 구슬들 중에서 20개씩을 뽑아서 아이에게 준다고 생각해 봅시다. 이때 아이가 어떤 색깔의 구슬을 갖게 될지는 순전히 우연에 달려 있습니다. 엄마에게서 빨간색 구슬 10개, 노란색 구슬 10개씩을 물려받을 수도 있고, 아니면 빨간색 구슬 1개에 나머지는 모조리 노란색 구슬일 수도 있다는 것이죠. 그리고 엄마와 아빠는 한 아이에게 구슬을 준 뒤에는 40개의 구슬을 다시 채운 상태에서, 다음 아이가 태어날 때도 역시 눈을 가리고 제비뽑기를 통해 20개의 구슬을 건네줍니다. 그러니 같은 부모에게서 태어난 형제자매의 유전자는 비슷하기는 해도 똑같지는 않은 것이죠.

생명체가 부모를 닮아서 태어나는 것은 부모로부터 생명체의 특징이 담긴 물질, 즉 '유전자(gene)'를 물려받기 때문입니다. 본격적으로 유전자에 대한 이야기를 하기 전에 먼저 기본적인 개념부터 정리해 보겠습니다. 전공이 생물학인지라 여기저기 유전자에 관련된 글을 많이 써 왔는데, 제가 글을 쓰면서 느낀 점 하나는 많은 이들이 DNA와 유전자, 그리고 염색체(chromosome), 게놈(genome) 등의 개념을 혼동한다는 것이었습니다. 이들은 무엇이 어떻게 다른 걸까요?

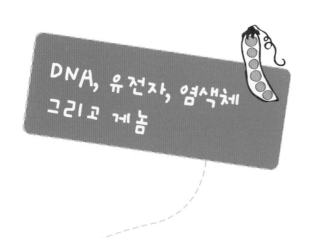

DNA, 유전자, 염색체 그리고 게놈

거의 모든 생명체의 유전물질, DNA

인간을 비롯한 거의 모든 생명체들은 유전물질로 DNA를 갖습니다. 예외가 있다면 바이러스 정도인데, 바이러스는 그 종류에 따라 DNA를 유전물질로 가지는 'DNA 바이러스'와 RNA를 유전물질로 가지는 'RNA 바이러스'로 나눌 수 있거든요. RNA는 DNA와 매우 비슷한 구조를 가지지만 DNA보다 불안정하고 자기 자신이 스스로를 분해하는 효소로도 기능하는 경우가 있습니다. 그래서 DNA에 비해 파괴되거나 불활성화될 위험이 높지요. 물론 돌연변이도 많이 일으키고요. 그래서인지 일부 RNA 바이러스를 제외한

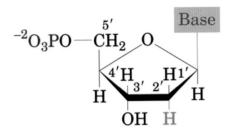

DNA의 기본 구조인 디옥시뉴클레오티드의 구조. DNA를 구성하는 디옥시뉴클레오티드는 모두 네 종류가 있는데, 가운데 오각형 당(sugar)과 왼쪽의 인산기(phosphate group)는 모두 동일하고, 오른쪽 염기(nitrogenouse base) 부분에 서로 다른 네 가지 염기(아데닌, 구아닌, 시토신, 티민)가 하나씩 붙습니다.

모든 생명체들은 DNA를 유전물질로 가진답니다.

사실 RNA과 DNA를 이루는 뉴클레오티드의 기본 구조는 거의 비슷합니다. 오각형의 당을 중심으로 인산과 염기가 결합한 모양은 모두 같지만, 당의 한쪽 가지에 RNA는 −OH가, DNA는 −H가 붙은 것만이 차이가 날 뿐이지요. 그래서 DNA의 경우, deoxy(de : 없다 + oxy : 산소)라는 접두어가 붙어요. 작은 차이지만 이 차이가 RNA와 DNA의 안정성에 영향을 미칩니다. 결국 DNA는 RNA에 비해 잘 분해되거나 손상되지 않고 훨씬 안정적으로 존재한답니다. 생물학 연구실에서는 실험에서 생명체를 이루는 물질인 RNA와 DNA, 그리고 단백질을 사용하는 경우가 많은데, 그중에서 다루기 까다로운 것을 순서대로 놓자면 RNA, 단백질, DNA의 순이에요. 특히나 RNA는 효소에 의해 쉽게 분해되는데, RNA 분해 효소는 너무나 많고 흔해서 RNA 실험용 유리판을 맨손으로 만지거나 근처에서 재채기만 해도 RNA가 깨지는 경우가 종종 있거든요. 그 다음으로 까다로운 것은 단백질입니다. 단백질은 열에 민감해서 온도가 올라가면 변성되곤 하기 때문에 단백질을 이용한 실험은 플라스틱 상자 안에 잘게 부순 얼음을 깔고 그 위에서 합니다. 그러나 DNA는 이들 물질에 비해 상대적으로 안정적이어서 맨손으로 실온에서 실험을 해도 큰 문제가 없죠. 생물체의 유전정보는 생물체가 살아가는 동안뿐 아니라 후대로 이어져 수없이 많은 세대를 거쳐야 하기 때문에 오랜 세월을 견딜 수 있을 만큼 안정적이고 튼튼할 필요성이 있습니다. 그런 이유 때문에 비슷한 구조를 갖고 있음에도 RNA가 아닌 DNA가 생명체의 유전물질로 선택되어 지금까지 이어져 내려온 것입니다.

DNA의 기본 구조, 그리고 유전자가 차지하는 비율

자, 다시 DNA 이야기로 넘어가 보죠. DNA를 이루는 기본 구조는 디옥시리보오스, 인산, 그리고 네 종류의 염기 중 하나로 이루어진 디옥시뉴클레오티드(Deoxynucleotide)입니다. 이 디옥시뉴클레오티드가 각각을 구성하는 염기들끼리의 수소 결합을 통해 이중나선 모양으로 꼬인 것이 바로 DNA입니다. 인간의 DNA는 약 30억 쌍의 디옥시뉴클레오티드로 구성되어 있습니다. 이 DNA에는 생명체를 구성하는 단백질을 합성하는 정보가 디옥시뉴클레오

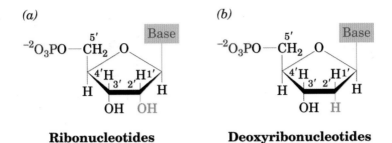

Ribonucleotides　　　**Deoxyribonucleotides**

뉴클레오티드의 구조. 왼쪽이 RNA의 기본인 리보뉴클레오티드, 오른쪽이 DNA의 기본인 디옥시리보뉴클레오티드입니다.

티드의 특수한 배열로 저장되어 있습니다. DNA를 구성하는 디옥시뉴클레오티드는 모두 네 종류가 있는데, 다른 구조는 모두 동일하고 염기 부분만 다르게 되어 있습니다. DNA를 구성하는 염기는 아데닌(Adenine), 구아닌(Guanine), 시토신(cytosine), 티민(thymine) 등 네 가지로, 각각 머리글자를 따서 A, G, C, T라고 표현합니다. 만약 DNA 정보에 'ATCC……'라고 쓰여 있다면, 아데닌-티민-시토신-시토신 염기를 가진 디옥시뉴클레오티드가 늘어서 있다는 말이지요.

　DNA상의 디옥시뉴클레오티드의 나열은 어떤 부분은 아무 의미 없는 반복으로 이루어진 부분도 있고, 특정한 단백질을 만들어 내는 암호로 구성된 부분도 있습니다. 이렇게 특정한 단백질을 합성하는 정보를 가지고 있는 디옥시뉴클레오티드의 묶음을 '유전자(gene)'라고 합니다. 즉, 유전자란 DNA 전체가 아니라 DNA상에서 특정한 단백질을 만들어 낼 수 있는 디옥시뉴클레오티드의 묶음이랍니다. 하나의 유전자를 이루는 DNA는 생물체에 따라 수십 개에서 수백 개까지 이르는 뉴클레오티드의 나열로 이루어지게 됩니다. 인간은 DNA 안에 약 3만여 개의 유전자를 지니고 있는 것으로 알려져 있지요. 그런데 DNA의 길이는 30억 쌍의 디옥시뉴클레오티드로 이루어져 있음에도 불구하고 유전자는 겨우 3만 개밖에 되지 않습니다. 만약 유전자 하나당 디옥시뉴클레오티드 1,000개로 계산한다 하더라도 그 양은 전체 DNA의 1%에 불과하답니다. 그러니 실제로 DNA 전체에서 유전자가 차지하는 비율은 그리 크지 않아요. 나머지는 별다른 기능이 없는 — 혹은 진화상에서 퇴화된 — 디옥시뉴클레오티드의 나열에 불과할 뿐입니다.

염색체는 DNA들이 적당하게 뭉쳐진 막대기?

그렇다면 염색체(chromosome)란 무엇일까요? 염색체란 핵 속에 들어 있는 DNA 뭉치를 말합니다. 그런데 왜 DNA 뭉치에 염색체(染色體)라는 다소 상관이 없어 보이는 이름이 붙었을까요? 이는 말 그대로 세포에 염료를 처리하면 쉽게 염색이 되기 때문이랍니다. 처음에 염색체를 발견한 사람은 이것의 정체를 알지 못했기 때문에, 단지 염료에 의해 염색이 잘 된다는 이유로 염색체라는 이름을 붙인 것이죠. 염색체는 산성이기 때문에 염기성 염료와 반응하

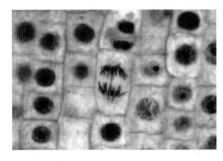

세포 염색 사진. 염기성 염료를 세포에 처리하면 DNA와 결합하여 분열하지 않는 세포의 경우 핵이 붉게 물들지만, 분열 중인 세포에서는 염색체가 물들어 뚜렷하게 나타납니다. (사진 가운데)

여 쉽게 염색되곤 한답니다.

평상시에는 DNA가 핵 속에 실 같은 형태로 퍼져 있지만, 세포분열을 할 때가 되면 적당한 크기로 뭉쳐져서 막대기 같은 모양으로 변하죠. 그래야 세포분열을 할 때 하나씩 따로 가져가기가 편하거든요. 아무래도 여기저기 흩어져 있는 실들을 주워 모아서 나눠 가지는 것보다는, 실타래를 만들어 두었다가 나누는 것이 편하니까요. 그렇게 DNA들이 적당하게 뭉쳐진 막대들을 염색체라고 합니다. 세포를 관찰하다 보면 평소에는 핵 속에 염색체가 실 형태로 풀려 있어서 보이지 않지만 세포가 분열할 때가 되면 이렇게 뭉쳐서 현미경으로 관찰을 할 수 있습니다. 이때 만들어지는 염색체의 숫자는 생물종마다 각기 다릅니다. 예를 들면 사람은 상염색체 22쌍과 성염색체 1쌍으로 모두 23쌍(46개)의 염색체를 가지며, 초파리는 8개, 개구리는 26개, 개는 사람보다 훨씬 많은 78개의 염색체를 가진답니다. 정해진 염색체의 숫자는 매우 중요해서, 사람의 경우 염색체의 수가 하나라도 적거나 많으면 이상 증세가 나타나기도 해요(염색체 숫자와 신체적 이상에 대해서는 나중에 자세히 설명하겠습니다).

[표] 생물종에 따른 염색체 수

식물		동물	
종	염색체 수(개)	종	염색체 수(개)
완두	14	초파리	8
보리	14	개구리	26
양파	16	히드라	32
무	18	토끼	44
옥수수	20	사람	46
수박	22	침팬지	48
벼	24	누에	56
감자	48	개	78

인간게놈 프로젝트의 의도와 진짜 의미

마지막으로 유전물질을 가리키는 말 중에 '게놈'이라는 것이 있습니다. 게놈(genome)이란 유전자(gene)와 염색체(chromosome)의 합성어로 유전정보의 총합을 의미하는 말이랍니다. 따라서 게

놈의 비밀을 밝힌다는 것은 그 생물의 유전정보를 파헤친다는 것
이죠. '인간게놈 프로젝트(human genome project)'는 인간 DNA
의 뉴클레오티드의 배열을 모두 분석한 것으로 인간의 유전정보를
밝히려고 시도했던 거대 계획의 일부였답니다.

자, 이제 뉴클레오티드·유전자·염색체·게놈·DNA의 구별
이 확실하게 되시나요? 아직도 혼란스럽다면 이해하기 쉽도록 비
유를 들어 볼게요. 과학적인 과정을 설명하면서 비유를 사용하는
것은 조심스러운 일이지만, 이해를 돕기 위해서 때로는 비유가 필
요할 때도 있습니다. 여기 암호로 된 문서가 있다고 합시다. 이 암
호문은 A, C, G, T의 네 개의 기호로만 이루어져 있습니다. 그런
데 각 기호 자체에 어떤 의미가 있는 것은 아니며, 기호들이 배열
된 순서가 중요합니다. 그리고 전체 암호문이 모두 의미를 가지고
있는 것도 아닙니다. 대부분의 암호들이 의미 없는 기호들의 나열
이고, 그중에서 일부분만이 중요한 의미를 지니고 있답니다. 이 암
호문이 너무 길기 때문에 한 권의 책에 담기지 못하고 여러 권에
나뉘어 있는 모습을 상상해 보세요. 여기에서 암호문의 기본 단위
는 DNA이고, 암호문에 쓰인 기호가 바로 뉴클레오티드입니다. 암
호문에서 의미 있는 부분이 유전자가 되고, 암호문을 나누어 담은
책이 염색체가 되는 것이죠. 그리고 게놈은 이 암호문 전체를 말하
는 것입니다.

여기서 많은 사람들이 오해하는 것을 하나 짚고 넘어갈게요. 우

리는 지난 2003년, 인간게놈 프로젝트가 완성된 것으로 알고 있습니다. 하지만 그것이 완성되었다고 해서 인간의 모든 유전적 비밀이 밝혀진 것은 아니랍니다. 2003년에 1차로 완성된 인간게놈 프로젝트에서는 DNA상에 놓여 있는 뉴클레오티드의 순서들을 밝힌 것일 뿐, 암호문에 들어 있는 모든 의미를 파악한 것은 아닙니다. 아직도 우리에겐 인간의 몸을 구성하는 암호문들이 DNA의 어느 부분에 어떻게 숨어 있는지를 찾아내는 과제가 남아 있어요. 인간의 신체를 만들어 내는 약 3만 개의 유전자 중에서 일부는 암호의 나열 순서와 DNA에 놓인 위치가 밝혀졌지만, 아직까지 밝혀지지 않은 부분이 더 많거든요.

우리에게 남은 숙제는 인간의 몸을 구성하는 정보를 담은 유전자가 DNA의 어느 위치에, 어떤 기호들의 순서로 숨어 있는지를 알아내는 것이랍니다. 이 과정을 유전자 지도(Gene Map)라고 하는데, 아직 유전자 지도의 많은 부분이 공란으로 남아 있답니다. 언젠가 유전자 지도의 공백이 모두 메워진다면 인간의 유전적 특성과 유전질환을 예방하거나 치료할 수 있는 방법을 알아내기가 훨씬 더 수월해질 거예요.

DNA, 생명체의 유전 물질로 선택되다

왜 자식은 부모를 닮을까?

21세기를 살아가는 우리는 생명체를 구성하고 있는 정보가 DNA라는 화학물질의 형태로 우리의 핵 속에 존재하고 있다는 것쯤은 대부분 알고 있습니다. 그러나 이것이 세상에 밝혀진 지는 그리 오래되지 않았습니다. 고대인들도 아기가 부모를 닮는다는 것을 알았고 그 속에 담긴 비밀이 무엇인지 알아내기 위해 노력했었지요. 그리하여 이에 대한 다양한 추측과 설명들이 등장하게 됩니다.

유전의 원리에 대해 설명하고자 했던 사람 중에 의학의 아버지로 불리는 고대 그리스의 의학자 히포크라테스는 유전을 '체액'을 이용해 설명했답니다. 히포크라테스는 인간은 몸속에서 각각의 특징을 지닌 체액을 만들어 내는데, 수정을 할 때 부모의 체액이 섞이면서 경쟁적으로 아이에게 자신의 특성을 물려준다고 생각했습니다. 따라서 체액이 섞이는 비율에 따라서 유전도가 달라져서 아버지의 체액이 우세하면 아버지를 더 많이 닮고, 어머니의 체액이 우세하면 어머니를 더 많이 닮은 아이가 태어난다고 믿었습니다.

이 설명은 얼핏 그럴듯하게 보이지만, 격세유전(隔世遺傳, atavism) 현상 등 설명이 불가능한 경우가 많았습니다. 격세유전이란 한 생물종에서 사라진 것처럼 보였던 선조의 형질이 후대에 나타나는 현상을 말합니다. 대표적인 격세유전 현상으로는 부유방(副乳房)을 들 수 있습니다. 보통 인간은 한 쌍의 유방을 가지지만 간혹 부유방이라고 하여 그 이상의 유방 조직이 겨드랑이에서 유두와 사타구니를 잇는 직선상에 발생하는 경우가 있습니다. 이 원인은 사람의 유전자에 숨겨져 있던 선조 포유류의 형질이 격세유전을 통해 다시 나타나는 것이라고 여겨지곤 합니다. 체액이 섞이는 것이라면 한번 희석되어 사라진 특성은 다시 나타나지 않아야 하지만, 격세유전 현상은 인간의 유전적 특질이 희석되는 것이 아니라 보존된다는 것을 나타내거든요. 이는 유전물질의 특성이 섞이게 되면 원래의 성질을 잃고 중간이 되어 버리는 액체가 아니라, 일단 한 번 섞였더라도 훗날 얼마든지 다시 분리해서 나타날 수 있는 입자의 형태로 존재하고 있다는 것을 시사해 줍니다.

이렇듯 체액 유전설은 여러모로 빈틈이 있었지만, 당시에는 이 것보다 유전 현상을 명확하게 설명할 수 있는 다른 대안이 없었습니다. 유전의 신비는 매우 오랫동안 비밀로 감추어져 있었고, 실제로 유전이 일어나는 정확한 규칙을 밝혀낸 사람이 등장하기까지는 꽤나 오랜 세월을 기다려야 했지요.

가톨릭 사제에서 유전학의 아버지로

히포크라테스가 의학의 아버지라면, 근대 유전학의 아버지로 불리는 사람은 바로 멘델(Gregor Johann Mendel, 1822~1884)입니다. 멘델 이후 유전의 원리에 대해 여러 가지 사실이 더 밝혀졌지만, 그 기본 원리는 150년 전 멘델이 찾아낸 사실에 기초하고 있답니다. 흥미로운 것은 이렇게 중요한 과학적 발견을 한 멘델이 전문적인 연구자가 아니었다는 사실입니다. 멘델의 신분은 가톨릭 사제였고, 연구자로서는 아마추어였지요. 그런데 그의 신분이나 교육 환경에 비해서 그의 연구는 아마추어의 수준을 훨씬 뛰어넘는 것이었고, 시대를 앞서 가는 선구적인 연구이기도 했어요. 하지만 너무나 선구적인 연구였기에 안타깝게도 자신의 연구 결과가 세상 사람들에게 인정받는 것을 보지 못한 채 세상을 떠났습니다.

자연과학에 관심이 많았던 멘델은 1853년부터 7년여 동안 수도원의 뒤뜰에 다양한 품종의 완두를 심고, 이들을 인공적으로 교배하여 다양한 잡종들을 만들어 냈습니다. 그 과정에서 유전의 기본 법칙을 알게 되었죠. 그는 완두가 가지는 뚜렷한 대립형질 일곱 가지(완두의 색과 모양, 콩깍지의 색과 모양, 꽃의 색깔과 꽃이 피는 위치, 그리고 완두의 키 등)의 출현 빈도를 분석해 일정한 패턴을 찾아냈어요. 멘델이 발견한 이 패턴은 이후 '분리의 법칙', '우열의 법칙', '독립유전의 법칙' 등의 이름으로 불리며 유전학에서 가장 중요한 법칙이 되었답니다.

　　멘델이 유전 교배 실험용으로 완두를 선택한 것은 사실 행운이 따른 선택이었지요. 멘델은 초기에는 완두가 아니라 생쥐를 실험에 사용했다고 해요. 멘델은 회색 쥐와 흰색 쥐를 교배시키면 어떤 털 색깔을 가지는지를 실험하려고 자신의 방에서 쥐들을 키웠다고 합니다. 하지만 당시 주교였던 샤프고치는 이를 허락하지 않았다고 합니다. 샤프고치 주교가 보기에는 성스러운 순결을 지켜야 하는 성직자가 아무리 미물(微物)일지라도 동물의 성행위를 부추기는 것처럼 보이는 교배 실험을 하는 것이 못마땅했거든요. 생쥐를 이용한 교배 실험을 할 수 없게 된 멘델이 다음으로 선택한 것이 바로 완두였어요. 완두를 이용한 실험은 주교도 반대하지 않았는데 이는 멘델의 말처럼 '주교님은 식물도 성(性)을 가지고 있다는 사실을 몰랐기 때문에' 가능했을지도 모릅니다.

어쨌든 어쩔 수 없이 선택한 식물이었지만 완두는 멘델이 하고
자 하는 연구에 더없이 좋은 실험 재료였어요. 일단 완두는 자가교
배가 가능하고, 키우는 데 시간이 오래 걸리지 않으며, 종자를 많
이 맺기 때문에 통계적인 결과를 계산하는 것이 가능했어요. 또한
우열관계를 가지는 뚜렷한 대립형질들을 여러 개 가지고 있었고
이 형질을 나타내는 유전자들이 모두 다른 염색체 위에 존재해서
각각 독립적으로 유전되었기 때문에 유전의 관계를 밝히기가 좋았
죠. 그렇다면 멘델이 완두를 이용해서 밝혀낸 유전법칙은 어떤 것
들이 있을까요?

우열의 법칙, 잡종 1세대에서는 우성유전자의 형질만 나타난다

멘델은 본격적으로 연구에 착수하기 이전부터 몇 년간의 시범
관찰을 통해 완두의 색이 두 가지라는 것을 알고 있었습니다. 그
것은 노란색과 초록색이죠. 그런데 이상한 것은 초록색 완두를
심은 경우에는 항상 초록색 완두가 열리는 반면, 노란색 완두를
심으면 모두 노란색 완두만 나오는 경우와 간간이 초록색 완두
도 열리는 경우가 있다는 것이었어요. 멘델은 이런 현상이 나타
나는 이유를 찾기 위해 몇 년 동안이나 완두를 키우고 관찰을 하
게 된 것입니다.

[표] 완두의 일곱 가지 대립형질

형질	종자의 모양	종자의 색	종자 껍질의 색	콩깍지의 모양	콩깍지의 색	꽃의 위치	종자의 모양
우성	둥글다	황색	갈색	매끈하다	녹색	앞겨드랑이	크다
열성	주름지다	녹색	흰색	잘록하다	황색	줄기의 끝	작다

　멘델은 먼저 순종의 노란색 완두와 초록색 완두를 심은 뒤에 꽃이 피면 한 종류의 수술을 잘라 암술만 남긴 뒤, 다른 종류의 수술에서 얻은 꽃가루를 묻혀 수정을 시켜 주는 방법으로 잡종 완두를 만들었어요. 처음 만들어진 1세대 잡종 완두는 모두 노란색뿐이었죠. 어떻게 이런 것이 가능했을까요?

　이를 쉽게 이해하기 위해서 색종이를 예로 들어서 설명해 볼게요. 여기 노란색과 초록색, 두 가지 색의 색종이가 있습니다. 여러분들은 이 색종이를 두 장씩 가질 수 있어요. 노란색이나 초록색만 각각 두 장을 가질 수도 있고, 노란색과 초록색을 한 장씩 나눠 가질 수도 있지요. 이렇게 가진 두 장의 색종이를 한 장만 보이도록 잘 겹쳐서 책상 위에 놓아 보세요. 이때 한 가지 규칙이 있습니다. 반드시 노란색 색종이가 초록색 색종이 위에 놓여야 한다는 것이죠. 자, 이제 각자의 책상 위에 놓인 색종이를 봅시다. 노란색이 반드시 초록색보다 위에 와야 하기 때문에, 노란색 색종이를 두 장 가진 사람도, 노란색과 초록색을 한 장씩 가진 사람도 모두 겉보기에는 노란색 색종이만 보일 거예요. 다만 초록색을 두 장 가진 사람만 초록색 종이가 위에 보이도록 놓을 수 있겠지요.

두 장을 겹쳤을 때 보이지 않는 아래쪽 색종이처럼 멘델은 생명체의 성질도 겉으로 보기에는 한 가지 성질이지만, 실제로는 두 가지 요인이 한 쌍으로 존재하여 나타난다고 생각했습니다. 이는 생명체가 엄마와 아빠 양쪽에게서 각각 한 개씩의 유전인자를 물려받기 때문이에요. 이렇게 부모 양쪽에게서 물려받은 DNA 중 같은 기능을 수행하는 유전자들을 대립유전자(allele)라고 합니다. 멘델은 대립유전자가 어떤 물질인지 알지 못했지만 생물체의 몸에는 그 생물체의 특징을 모두 담고 있는 유전물질이 존재하고, 이 물질은 부모로부터 각각 하나씩 물려받기 때문에 항상 쌍으로 존재하며, 후손에게 물려줄 때에는 쌍으로 존재하던 유전물질 중 하나만을 자손에게 물려준다고 가정했었지요. 그의 이와 같은 가정이 옳았다는 것은 수십 년이 지난 뒤에야 밝혀지게 됩니다.

실제로 인간을 비롯한 모든 생물체는 염색체를 쌍으로 갖습니다. 부모로부터 각각 유전물질을 하나씩 물려받아 한 쌍의 유전물질을 가지게 되지요. 그리고 각 대립유전자는 쌍으로 존재하는 유전물질에 각각 존재하기 때문에 항상 둘이 대립하게 됩니다. 쌍으로 대립하는 유전자는 동일한 힘을 가지는 것이 아니라 우열관계에 놓일 때가 있는데, 이들의 우열에 따라 생물체의 모습이 달라진답니다. 그래서 눈에 보이는 성질, 즉 종자의 노란색이나 초록색 같은 것들은 겉으로 표현된다고 해서 '표현형(phenotype)' 이라고 하고, 이 표현형을 나타낼 수 있는 성질은 유전자가 나타낸다고 하여 '유전자형(genotype)' 이라고 합니다. 엄마와 아빠에게서 각각 한 개씩 받은 두 개의 유전자가 모여 하나의 표현형을 나타냅니다. 즉, 완두의 색깔은 하나의 '표현형' 이지만, 이를 나타내는 '유전자형' 은 두 개가 모여서 한 세트로 이루어진다는 말이에요.

그런데 같은 성질을 나타내는 두 개의 유전자는 힘이 동일하지 않습니다. 한쪽이 다른 쪽보다 힘이 세서, 둘이 만나면 하나가 다른 하나를 누르고 혼자만 나타나려고 하지요. 그래서 힘이 센 유전자의 성질만 겉으로 드러납니다. 마치 두 장의 색종이를 겹쳤을 때 위쪽 색종이의 색깔만 보이는 것처럼 말이죠. 완두의 색깔을 결정하는 유전자 중에서는 노란색 유전자가 초록색 유전자보다 힘이 셉니다. 이때 힘이 센 유전자를 '우성', 힘이 약한 유전자를 '열성' 이라고 부릅니다. 순종의 노란색 완두는 노란색 유전자만 두 개를 가지고 있고, 순종의 초록색 완두는 초록색 유전자만 두 개를 가지고 있습니다. 그래서 이들을 섞어서 만든 잡종 1세대 완두는 노란색 유전자 한 개와 초록색 유전자 한 개를 받게 되는데, 노란색 유전자가 초록색 유전자에 비해 우성이기 때문에 잡종 1세대에서는 항상 노란색 완두만 나오게 됩니다. 이처럼 두 가지 성질을 가진 생명체를 교배했을 때 첫 번째 자식들에게서는 두 성질 중 더 힘이 센 유전자의 특징만 나타난답니다. 잡종 1세대에서는 우성 유전자의 형질만 겉으로 드러난다고 하여 이 규칙을 '우열의 법칙(Law of Dominance)' 이라고 합니다.

분리의 법칙, 잡종 2세대에서는 부모의 형질이 3:1로 나타난다

멘델이 발견해 낸 두 번째 유전법칙은 '분리의 법칙'입니다. 이 법칙은 위에서 만들어진 잡종 1세대의 노란색 완두를 자가수정시켜서 얻은 잡종 2세대의 모습을 통해 도출되었습니다. 잡종 1세대 완두는 비록 겉으로는 완벽한 노란색 완두처럼 보이지만, 실제는 노란색 유전자 한 개와 초록색 유전자 한 개를 같이 가지고 있습니다. 그래서 자손들에게 노란색 유전자와 초록색 유전자를 모두 물려줄 수 있습니다. 그렇기 때문에 이들을 서로 교배하여 잡종 2세대를 만들게 되면, 자손은 부모 양쪽으로부터 각각 하나의 유전자를 물려받기 때문에 첫째는 엄마 아빠에게서 모두 노란색 유전자를 받게 되고, 둘째는 엄마에게서 노란색을, 아빠에게서 초록색을 받게 되지요. 셋째는 엄마에게서 초록색과 아빠에게서 노란색을 받고, 막내는 엄마 아빠에게서 모두 초록색 유전자를 받게 됩니다. 그렇다면 잡종 2세대 완두 4남매의 색깔은 눈으로 보기에 어떨까요? 첫째는 노란색만 두 개를 가지니 당연히 노란색 완두일 테고, 둘째와 셋째도 노란색 한 개에 초록색 한 개니 겉으로 보기엔 노란색이겠지요. 초록색 유전자를 두 개 가진 막내만 초록색으로 나타날 거예요.

따라서 결과를 종합해 보면 잡종 2세대 완두 4남매는 노란색 완두 셋에 초록색 완두 하나가 나타나게 됩니다. 멘델이 완두를 한 알씩 세어서 얻은 결과인 3 : 1의 비율은 바로 이렇게 나타나는 것이죠. 이렇게 잡종 2세대에서는 원래 부모가 가졌던 성질이 3 : 1의 비율로 나뉘어 나타나는 현상을 '분리의 법칙(Law of Segregation)' 이라고 합니다. 멘델은 완두를 교배해서 잡종을 만들어 내는 실험으로 유전의 가장 기본적인 원리인 우열의 법칙과 분리의 법칙을 알아낸 것입니다.

우열의 법칙과 분리의 법칙은 사람들이 오랫동안 이상하게 생각해 왔던 사실들을 손쉽게 설명해 주었어요. 왜 자식은 부모를 닮는지, 왜 한쪽 부모를 더 많이 닮는 것처럼 보이는지, 왜 자식에게는 나타나지 않았던 성질이 손자에게서는 나타나는지를 말이에요. 이는 유전물질의 성질이 물감처럼 한번 섞이면 다시는 원래 색으로 돌아갈 수 없는 것이 아니라, 색종이처럼 겹쳤다 떼는 것이 가능하기 때문입니다. 또한 유전자는 항상 두 개가 만나서 하나의 성질을 이루는데, 하나가 다른 한쪽보다 힘이 센 탓에 이런 일이 벌어진 것이었어요.

독립의 법칙, 각각의 유전 형질이 독립적으로 나타난다

멘델은 이번에는 노란색의 둥근 완두와 초록색의 모난 완두를 교배시켜 보았습니다. 이번에 알아보고자 했던 것은 서로 다른 유전형질이 유전될 때 연관성이 있는지를 살펴보는 것이었죠. 완두의 색은 노란색이, 완두의 모양은 둥근 것이 우성이기 때문에 예상대로 잡종 1세대 완두는 모두 노랗고 둥근 완두였지요. 그런데 이 잡종 1세대 완두를 자가수정시켜 만들어 낸 잡종 2세대는 '노랗고 둥근 것 : 초록색이고 둥근 것 : 노랗고 모난 것 : 초록색이고 모난 것'이 각각 9 : 3 : 3 : 1의 비율로 나타났어요. 이것 역시 각각의 형질을 따로 분리해서 살펴보면 노란색 완두 : 초록색 완두 = 12 : 4 = 3 : 1이고 둥근 완두 : 모난 완두 = 12 : 4 = 3 : 1로 모두 분리의 법칙에 따라 3 : 1의 비율을 유지하고 있음을 알 수 있답니다.

색깔만으로 보면 노랑이 : 초록이 = 동글이 : 못난이 = 12 : 4 = 3 : 1로 모두 3 : 1의 비율임을 알 수 있어요. 이처럼 완두에서는

[그림] 둥근 노란색 완두와 모난 초록색 완두의 교배 실험을 통한 유전현상의 증명 과정

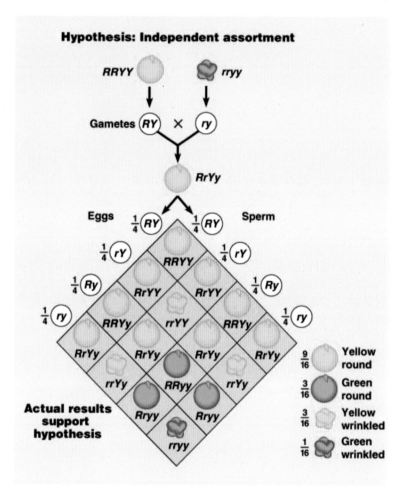

여러 가지 형질이 한꺼번에 나타나더라도 이와 상관없이 항상 3 : 1의 비율로 나타난답니다. 각각의 유전 형질이 다른 것과는 상관없이 독립적으로 나타난다고 하여 이를 '독립의 법칙(Law of independence)'이라고 합니다.

완벽하지는 않지만 결정적 역할을 한 멘델의 유전법칙

멘델은 이처럼 7년여간의 완두 교배 실험을 통해 현대 유전학에
서 가장 기본이 되는 세 가지 법칙을 모두 발견했습니다. 그러나
멘델의 세 가지 법칙도 100% 완벽하지는 않습니다. 가장 대표적
인 것이 '중간유전(intermediary inheridity)' 으로, 대립유전자들의
우열 관계가 명확하지 않아서 어느 한쪽을 닮는 것이 아니라 두 형
질의 중간 단계가 표현형으로 나타나는 경우를 말합니다.

중간유전의 법칙

1903년 독일의 식물학자였던 칼 코렌스(Carl Erich Correns, 1864~ 1933)는 분꽃을 이용해 교배 실험을 하던 도중, 순종의 붉은 꽃과 흰 꽃의 분꽃을 교배하면 잡종 1세대에서는 분홍색 분꽃이, 잡종 2세대에서는 붉은 꽃 : 분홍 꽃 : 흰 꽃이 각각 1 : 2 : 1의 비율로 나타난다는 것을 발견했습니다. 이는 분꽃의 꽃잎 색을 결정하는 대립유전자가 서로 불완전우성 관계에 있어서 한쪽이 다른 쪽을 완전히 누르지 못하기 때문에 일어나는 현상으로, 이를 중간유전이라고 합니다. 현재는 분자생물학이 발달함에 따라, 실제 유전 현상에서는 멘델이 발견한 우열의 법칙보다는 불완전우성 유전에 의한 중간유전이 더 일반적인 현상이라는 것이 밝혀졌습니다.

스위트피의 중간유전. 흰색 꽃과 붉은색 꽃의 스위트피를 교배시키면, 분홍색 꽃이 피는 잡종이 만들어집니다.

'발상의 전환이 만들어 낸 위대한 성과'

또한 독립의 법칙 역시 불완전합니다. 서로 다른 유전형질이라도 같은 염색체 위에 있다면 연관적으로 유전되는 경우가 많거든요. 특히 염색체 위의 유전자 거리가 가깝게 위치할수록 연관될 확률은 더 높아집니다.

예를 들어 보라색 꽃과 긴 모양의 꽃가루를 가진 완두와 붉은색 꽃과 둥근 모양의 꽃가루를 가진 완두의 순종을 교배하면 잡종 1세대에서는 보라색 꽃과 긴 꽃가루를 가진 개체만 보입니다. 즉, 보라색 꽃과 긴 꽃가루가 붉은색 꽃과 둥근 꽃가루에 비해 우성이라는 이야기이지요. 하지만 잡종 1세대를 자가수정시켜 잡종 2세대를 얻었을 경우, 각각의 형질을 지닌 개체들이 9 : 3 : 3 : 1로 나타나는 것이 아니라 보라색 긴 꽃가루의 개체와 붉은색 둥근 꽃가루의 개체만이 3 : 1의 비율로 나타나지요.

이것은 꽃의 색깔과 꽃가루의 모양을 결정하는 유전자가 매우 가까운 위치에 놓여 있기 때문입니다. 그래서 이들은 마치 한 개의 세트처럼 같이 움직이지요.

어쨌든 이처럼 유전형질들은 반드시 독립적으로 유전되는 것이 아니라 때로는 연관되어서 유전되기도 합니다. 앞서 멘델이 완두에서 관찰했던 일곱 가지 형질은 우연히도 모두 다른 염색체 위에 있었기 때문에 서로 독립적으로 유전이 되는 것처럼 관찰된 것이지요. 완두의 염색체가 모두 7쌍(14개)뿐인 것을 감안한다면 각 염색체마다 따로 들어 있는 유전형질을 이용해 실험했다는 것은 멘델이 실험에 대해 아주 뛰어난 감각을 가지고 있었거나, 매우 운이 좋았거나 둘 중 하나일 거예요.

여기서 잠깐, 실제 유전법칙에 대한 실험을 해 보면 반드시 3 : 1이 아니라 다른 비율이 나타나기도 합니다. 그것은 멘델의 유전법칙이 잘못된 것이 아니라 유전형질의 발현은 확률에 의한 것이기 때문이에요. 예를 들어 동전 던지기를 한다고 할 때 앞면과 뒷면이 나올 확률은 모두 1/2이므로 이론적으로는 앞면과 뒷면이 동일하게 나와야 하겠지만, 계속 동전을 던지다 보면 우연히 앞면만 연속해서 일곱 번 나오거나 뒷면만 열두 번 나오는 경우가 생기기도 하거든요. 이는 동전 던지기를 할 때 동전의 앞면이나 뒷면이 나올 확률은 이전의 결과에 영향을 받지 않기 때문이에요. 따라서 몇 번의 동전 던지기에서는 앞면과 뒷면의 비율이 비슷하게 나오지 않을 수 있어요. 하지만 동전을 수없이 많이 던진다면 그때는 양면의 비율이 비슷하게 나타나겠지요. 유전현상에서도 확률이 적용되기 때문에 비슷한 결과가 나타납니다. 그래서 자손의 수가 적을수록 이론적인 비율(3 : 1)에 맞지 않게 나타날 가능성이 높지요. 따라서 오차를 줄이기 위해서는 가능한 한 많은 수의 자손을 관찰해야 할 필요가 있습니다.

비록 완벽하지는 않았지만, 멘델의 유전법칙은 오랫동안 베일에 가려져 있던 유전의 원리를 최초로 밝혀냈다는 점에서 대단히 큰 의미를 지닙니다. 오랫동안 감춰져 있었던 비밀을 멘델이 풀어 낼 수 있었던 것은 발상의 전환이 가능했기 때문이지요. 위에서 나타난 우열 현상이나 분리 현상은 모두 유전물질이 액체 형태가 아니라 결합과 분리가 가능한 입자의 형태로 존재하기 때문에 일어납니다. 유전물질이 입자의 형태를 띠고 있다는 것, 그 발상의 전환이 오랜 세월 이어져 내려왔던 수수께끼를 푸는 결정적인 열쇠가 되었답니다.

죽음 뒤에 업적을 인정받게 된 쓸쓸한 천재 과학자

우리는 현재 멘델을 '근대 유전학의 아버지'로 부르며 그의 업적을 높이 평가하고 있지만, 멘델이 살던 당시에도 그랬던 것은 아닙니다. 아니, 오히려 그 반대였죠. 수년간을 완두밭에서 유전실험에 매달렸던 멘델은 1865년에 드디어 자신의 연구 결과를 정리하여 수도원 근처 브륀 지방에서 열린 '브륀 자연과학 연구회'에서 '식물 잡종에 관한 실험'이라는 제목으로 발표하게 됩니다. 하지만 아무도 멘델의 연구를 인정하지 않았습니다.

멘델의 연구가 무시된 이유는 여러 가지로 추측해 볼 수 있지요. 그중에 하나는 멘델이 대학에서 정식으로 생물학을 공부하지 않은,

수도사 출신의 아마추어 연구자였다는 것입니다. 그러나 그보다 더 중요한 이유는 멘델의 연구가 당시 시대 상황에 비추어 보았을 때 매우 '낯설었다'는 것입니다.

당시의 사람들은 개체의 특성이 모두 연관되어서 한꺼번에 유전된다는 생각을 했었습니다. 히포크라테스의 체액론처럼 여러 가지 특징이 뒤섞여 한꺼번에 유전된다고 믿었던 것이죠. 그러나 멘델은 유전을 전체로 파악하지 않고, 각각의 형질에 집중해서 각 형질이 따로따로 유전된다고 믿었습니다. 이는 체액처럼 뒤섞인 무엇이 아니라, 각각의 형질에 대응되는 독립적인 유전물질이 존재한다는 것을 의미합니다. 이는 지금까지의 것과는 다른 개념이었기에 사람들은 쉽게 인정하려고 하지 않았습니다.

게다가 그의 연구 결과는 확률이라는 개념과 복잡한 통계적 계산을 필요로 하기 때문에 많은 수학적 수식들이 사용되어서 생물학 논문치고는 복잡해 보였을 것입니다. 그래서 이런 수식들을 이해해야 한다는 번거로움도 그의 논문을 사람들이 멀리 하게 된 이유 중 하나가 되었다고 해요.

따라서 멘델의 연구는 생물학계에 이름 없는 아마추어 연구자가 기존의 상식을 뛰어넘는 새로운 발상을 어려운 수학적 모델로 풀어 제시했다는 이유로 기존의 주류 학자들의 관심을 전혀 끌지 못한 채 그냥 묻혀 버리고 말았습니다.

이후 멘델은 생물학자가 아닌 성직자의 삶을 살았고, 1884년

쓸쓸한 죽음을 맞이하게 됩니다. 멘델의 연구가 가지고 있는 가치와 중요성은 그가 죽은 뒤에도 한동안 묻혀 있었습니다. 시대를 앞서 간 탓에 동시대인들의 인정과 환호는 멘델의 몫이 아니었던 것이죠.

멘델의 생전에도 그리고 사후에도 유전의 비밀을 풀기 위해 노력하는 연구자들은 많이 있었지만, 뚜렷한 성과가 나오지는 않고 있었어요. 그런데 20세기가 시작되는 1900년, 세 명의 연구자가 각각 저마다 다른 경로로 유전법칙과 관련된 논문을 동시에 발표하게 됩니다. 그리고 이들은 놀랍게도 자신들의 연구를 통해 발견한 법칙을 이미 35년 전에 한 수도사가 발견했다는 사실을 알게 됩니다. 그 후 누가 유전법칙의 최초 발견자인지를 두고 약간의 신경전이 오간 끝에 결국 멘델을 '최초의 유전법칙 발견자'로, 드 브리스·체르막·코렌스를 '멘델 법칙의 재발견자'로 인정하게 되었습니다. 수십 년간 누구의 관심도 받지 못한 채 조용히 묻혀 있던 멘델의 연구 성과는 이제 세상 앞에 당당히 나서게 되었고, 누구도 기억하지 못했던 멘델의 이름은 앞으로 영원히 기억될 과학자로 남게 됩니다.

멘델과 그를 재발견한 과학자들 덕택으로 유전이 일정한 패턴을 지니고 독립적으로 일어난다는 사실에 대해서는 일정 부분 많은 사람들이 인정하게 되었습니다. 그러나 유전을 전담하는 물질이 과연 무엇인지에 대한 수수께끼는 여전히 남아 있었습니다. 그 당시 멘델의 법칙이 그토록 철저히 외면 당한 데는 당시의 과학적 지식으로는 과연 유전을 담당하는 물질이 무엇인지를 설명하지 못했던 탓도 있습니다. 이 유전물질의 정체는 20세기에 들어서야 비로소 밝혀지게 됩니다.

쉬어 가는 페이지

episode 1 | 오빠를 위한 소녀의 치명적인 희생

13살 난 어린 소녀 알리시아가 납치되었다는 신고가 들어왔다. 신고를 한 알리시아의 언니는 동생을 납치한 범인은 수염을 기른 흑인 남성이라고 주장한다. 그녀가 지목한 사람은 이미 아동성추행 전적이 있는 성범죄자. 경찰은 그가 범인이라고 확신하지만 용의자는 자신의 범행을 완강히 부인한다. 결국 수사 과정에서 알리바이가 입증돼 무죄로 밝혀지고 수사는 다시 미궁으로 빠진다. 그러던 중에 알리시아가 죽은 채로 발견되고 CSI팀은 그녀의 사인을 밝혀내기 위해 동분서주 뛰어다닌다. 그런데 검시 결과 알리시아가 난치병에 걸린 오빠 다니엘을 위해 세 살 때부터 헌혈과 골수 채취를 해 왔다는 것이 밝혀진다. 다니엘은 아직 병이 완치되지 않은 상태였다. 결국 알리시아의 사망으로 인해 다니엘마저 생명이 위태로운 지경에 이른 것이다. 다니엘은 아직 병이 완치되지 않은 상태였다. 결국 범인은 알리시아만 죽게 한 것이 아니라, 이로 인해 다니엘까지 죽음으로 몰아간 것이다. CSI팀은 알리시아를 감싸고 있던 담요에서 혈흔을 찾아내고 DNA 분석을 시도하지만, 뜻밖에도 이는 알리시아의 혈액으로 밝혀진다. 그런데 알리시아의 사체에는 피가 날 만한 상처가 없었다. 알리시아의 피가 알리시아의 몸에서 나온 것이 아니다? 논리적으로 맞지 않는 사실에 수사는 점점 더 난관에 부딪친다.

– 〈CSI 라스베가스〉 시즌 5의 에피소드 중에서

처음부터 오빠의 생명을 구하기 위해 태어난 여동생. 그 여동생의 죽음으로 인해 오빠마저 살아갈 희망이 없어진다는 이야기. 이 에피소드는 지난 2000년 초에 실제 있었던 이야기를 떠오르게 합니다. 사진의 가운데에서 환하게 웃고 있는 몰리 내시(Molly Nash)라는 이름

누나 몰리를 살린 아기 애덤과 함께 찍은 행복한 가족사진. 애덤의 제대혈이 없었다면 이 가족의 얼굴에서 웃음을 찾기란 어려웠을 것입니다.

의 여섯 살짜리 여자아이는 '팬코니 빈혈증'이라는 유전질환을 앓고 있었습니다. 이름조차 생소한 질병인 팬코니 빈혈증은 제때에 치료하지 않으면 대개 어린 시절을 넘기지 못하는 치명적인 질환입니다. 유일한 치료법이라고는 골수 이식, 즉 조혈모세포 이식뿐이었죠. 하지만 몰리에게 이식해 줄 골수 기증자를 찾지 못하자 이 부모들은 당시 새로운 의학적 발견에 착안해 가혹한 운명에 도전하게 됩니다.

지금까지 조혈모세포 이식은 골수를 통해서만 이루어져 왔습니다. 그러나 골수 외에 조혈모세포를 얻을 수 있는 방법이 밝혀진 것이지요. 바로 탯줄과 태반에 들어 있는 제대혈에서도 조혈모세포가 들어 있다는 것입니다. 하지만 몰리의 제대혈은 이미 오래전에 버려진 상태였으니, 새로운 제대혈이 필요했지요.

특히 몰리와 유전자 타입이 매우 유사해서 이식을 할 때 거부반응을 나타내지 않을 제대혈이 말이죠. 그래서 이 부부는 몰리를 살리기

탯줄에서 제대혈을 채취하는 모습. 탯줄 속 제대혈은 조혈모세포를 포함하고 있어 각종 난치병 치료에 유용하게 사용되고 있습니다.

위해 아이를 한 명 더 낳을 계획을 세웁니다. 하지만 팬코니 빈혈증 자체가 유전병이기 때문에 새로 태어날 아기가 몰리처럼 병을 가지지 않고 건강하게 태어나리라는 보장이 없었어요. 게다가 몰리에게 제대혈을 기증해 줄 만한 유전자 타입을 가지고 태어나리라는 보장은 더더군다나 할 수 없었지요. 이들이 원하는 것은 몰리에게 이식할 수 있고 질병을 갖지 않은 건강한 제대혈을 가진 아이였습니다. 그래서 그들은 그런 아기를 낳기 위해 병원을 찾아다녔습니다.

이 부부가 선택한 방법은 '착상전 유전자 진단(Preimplantation genetic diagnosis, PGD)'이라는 방법이었습니다. 착상전 유전자 진단이란, 말 그대로 배아가 자궁 내에 착상하기 이전 상태에서 배아의 세포를 채취하여 유전질환의 여부를 검사하는 것입니다. 실제로 이 방법은 치명적인 유전질환이 유전되는 것을 막기 위해 개발된 방법입니다. 이를 사용하기 위해서는 먼저 보통의 시험관 아기 시술과 마찬가지로

체외수정 과정이 필요합니다. 엄마의 난자와 아빠의 정자를 채취하여 시험관에서 수정시킨 수정란을 인큐베이터에서 배양시킵니다. 수정 후 3일 정도가 지나면 수정란은 6~10개 정도의 세포로 분열합니다. 이때 미세한 바늘을 이용해 1~2개의 세포를 떼어 내어 이 세포의 염색체를 이용해 유전자 검사를 실시합니다.

수정된 지 3일 후에 검사를 하는 이유는 이 시기의 세포는 아직 어떤 세포로 분화될지 정해지지 않은 만능세포(배아줄기세포)여서 세포 1~2개 정도가 떨어져 나가도 이후의 발생에 큰 지장이 없는 것으로 알려져 있기 때문입니다. 또한 아무리 시험관에서 수정된 배아라고 할지라도 수정 후 5~6일 이내에는 엄마의 자궁으로 이식시켜 주어야 하기 때문에 검사를 할 수 있는 최적의 시기입니다.

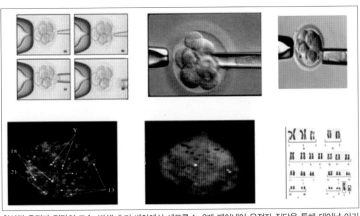

착상전 유전자 진단의 모습. 발생 초기 배아에서 세포를 1~2개 떼어내어 유전자 진단을 통해 태어날 아기의 유전질환의 유무를 판별할 수 있습니다.

몰리의 부모인 내시 부부는 바로 이 착상전 유전자 진단을 이용해서 수정된 수정란 중 건강한 배아를 골라 임신을 시도했고, 그 결과 애덤이라는 사내아이가 태어납니다. 애덤의 탯줄과 태반은 태어난 즉시 수거되었고, 몰리는 여기서 채취한 조혈모세포를 이식 받았어요. 그리고 당시 몰리에 대한 애덤의 조혈모세포 이식은 성공리에 이루어졌다고 합니다. (지금 현 상태는 잘 모르겠지만 말이에요.)

우리나라에서도 착상전 유전진단이 시행되고 있습니다. 2007년 MBC TV프로그램 휴먼다큐멘터리 〈사랑〉에 소개되었던 '엄지공주' 윤선아 씨도 자신의 질환이 아이에게 유전되는 것을 막기 위해 착상전 유전자 진단으로 건강한 아이를 얻을 수 있었습니다. 이처럼 심각한 유전질환이 후대에 대물림되는 것을 고민해 오던 부모들에게 착상전 유전자 진단은 건강한 아기를 얻을 수 있게 해 주는 고마운 기술입니다. 그렇다고 해서 모든 질환이 다 검사 가능한 것은 아닙니다. 일단 유전질환 중에 관련된 확실한 유전자가 밝혀져 있어야 하며 이로 인해 태아에게 심각한 이상이 나타난다는 결과가 나와 있어야 합니다. 그렇지 않으면 자칫 '맞춤 아기'를 디자인하고자 하는 이들이 이를 이용할 수도 있기 때문입니다. 그래서 우리나라에서는 지난 2005년 1월에 공표된 생명윤리법을 통해, 착상전 유전자 진단을 통해 감별할 수 있는 범위를 63개의 특정 유전질환으로만 한정시켜 놓은 바 있습니다.

우리나라뿐 아니라 세계 각국에서도 착상전 유전자 진단의 효용성에 대해서는 인정하지만, 이것이 남용되지 않도록 하는 방안들을 만들어 놓고 있지요.

현실의 애덤과 드라마 속 알리시아는 비슷한 이유로 세상에 태어난 아이들입니다. 자신의 다른 형제자매를 살리기 위해 태어난 아이들이었다는 점에서 둘은 매우 많이 닮아 있었습니다. 그래서 애덤이 태어날 당시, 많은 언론들이 애덤의 출생을 두고 말들이 많았습니다. 죽어 가는 자식을 위해 무엇이든 하고 싶은 부모의 무한한 애정과 현대과학의 결과물이 만나서 이뤄 낼 수 있는 최고의 해피엔딩이라고 하는 사람이 있는가 하면, 한 아이를 살리기 위해 다른 아이를 일종의 '희생양'으로 만든다는 비판도 만만치 않았습니다. 그래서 부모의 선택을 비난하고 그렇게 태어난 아담을 동정 어린 시선으로 보는 경우도 많았지요.

그래서인지 이후 '죽어 가는 형제자매를 위해 태어난 아이'를 소재로 다룬 드라마와 소설에서는 이 아이들을 희생양으로 묘사합니다. 드라마 속에 등장했던 알리시아의 부모들은 알리시아를 낳은 목적이 오로지 '아들을 살리기 위해서'였음을 느끼게 해 주는 행동들을 서슴지 않습니다. 또한 알리시아의 죽음 자체보다 알리시아의 죽음으로 인해 생명이 얼마 남지 않은 아들 다니엘을 더 걱정하는, 다소 이해할 수 없는 모습을 보여 줍니다.

　그런데 이 드라마의 결말은 충격적이었습니다. 알리시아의 살인범은 바로 오빠 다니엘이었거든요. 그리고 이 사실을 알게 된 가족들은 다니엘을 보호하기 위해 엉뚱한 사람을 살인범으로 거짓 지목한 것이고요. 다니엘은 자신의 병이 재발하자 여동생 알리시아가 또다시 희생을 강요당할 것을 알고 그녀를 편하게 해 주겠다는 명목으로 살인을 저지른 것입니다. 앞서 수사관들을 혼란케 한, 담요에서 채취된 혈액은 알리시아의 것이 아니라 다니엘의 것으로 밝혀집니다. 알리시아에게 골수 이식을 받았기에 다니엘의 혈액은 알리시아의 혈액과 동일한 유전형을 가지고 있었던 것이지요. 실제로 골수이식에서는 면역 타입이 중요하지 혈액형의 일치 여부는 오히려 크게 문제가 되지 않습니다. 타인의 골수를 이식하기 전에 원래 그 사람이 가지고 있던 골수는 완전히 파괴한 뒤에 이식하거든요. 그래서 골수 이식은 혈액형이 달라도 다른 조건들이 맞으면 가능합니다. 이런 경우 골수 이식 이후 혈액형은 기증자의 것으로 바뀌게 됩니다. 예를 들어 A형인 사람이 O형인 사람에게서 골수 이식을 받게 되면, 이 사람의 혈액형은 이식 후에는 A형이 아니라 O형으로 변한다는 것이죠. 골수라는 것이 혈액을 만들어 내는 곳이기에 이식해 준 이의 골수에 따라 혈액형도 바뀌는 것이랍니다.

이 에피소드는 불치병으로 죽어 가는 아이를 살리고 싶은 부모의 맹목적인 사랑과 그 사이에서 희생을 강요 당하는 다른 아이의 모습을 통해 자식에 대한 부모의 권리와 아이가 가진 자신의 신체에 대한 권리의 충돌을 보여 주고 있습니다. 그리고 현대 의학 기술의 발전으로 인한 결과물이 사회적으로 적용되었을 때에 일어날 수 있는 다양한 문제와 부작용들에 대해서 다시 한 번 생각하게 만드는 에피소드였습니다.

원래 착상전 유전자 진단은 '처음부터 건강한 아기'를 낳기 위해 만들어진 기술이지만, 현실에서 이는 '다른 아이를 살리기 위한 건강한 아이'를 진단하는 데 사용되면서 문제가 발생합니다. 즉, 신기술의 현실적 적용이 생각했던 대로만 흘러가지 않았던 것이지요. 의학이나 과학 분야에서는 이처럼 처음에는 긍정적인 목적을 가지고 시작했던 연구의 결과가 현실에 적용되면서 기존의 사회적 시스템이나 개인적 가치관과 충돌하며 생각지도 못했던 부작용을 일으키는 경우가 종종 있습니다. 우리는 아직 이런 상황들을 충분히 경험해 보지 못했기 때문에 예상치 못한 문제가 발생하였을 때 어떤 것이 가장 바람직한 해결책이 될 수 있는지에 대한 판단을 하기도 어렵습니다. 과학적 결과물과 현실적 적용 사이에 일어날 수 있는 어긋남을 조정하는 것은 앞으로 우리가 오랜 시간을 들여서 꼼꼼하게 대처해야 할 문제일 것입니다. 하지만 이런 어긋남이 있다고 해서 모든 과학적 결과물들을 부정하거나 배척하는 것은 오히려 더 잘못된 결과를 가져올 수 있을지도 모릅니다. 따라서 우리에게 필요한 것은 이 어긋남을 최소화시킬 수 있도록 하는 끊임없는 노력일 것입니다.

다른 형제자매를 살리기 위해 태어난 아이에 대한 좀더 자세한 이야기를 원한다면 최근에 번역 출간된 조디 피콜트의 소설 『쌍둥이별』을 추천합니다. 이 소설의 주인공은 '안나'라는 이름의 소녀입니다.

안나는 언니 케이트의 난치병을 치료하기 위해 태어났습니다. 이 아이는 태어난 직후부터 제대혈, 백혈구, 줄기세포, 골수 등 모든 것을 언니에게 제공합니다. 하지만 그런 자신의 삶과 역할에 대해 한 번도 의심하고 거부한 적이 없습니다.

열세 살이 된 안나는 다른 평범한 또래 친구들처럼 자신이 진정 누구인가를 질문하기 시작합니다. 하지만 안나의 존재는 언제나 언니와의 관계 속에서만 인정받을 수 있었지요. 축구 선수가 꿈인 안나는 언니의 병이 재발하자 자신의 꿈을 포기해야 하는 상황에 놓입니다. 언니가 입원을 하면 자신도 그 옆에서 언니에게 필요한 신체조직을 제공해야 합니다. 그것이 그녀의 삶이었으니까요. 그런데 이번에 안나가 언니에게 주어야 할 것은 '신장'이었습니다. 언니의 병이 심해져

신장이 모두 망가졌기 때문이지요. 안나는 사랑하는 언니가 죽는 것을 원하지 않았습니다. 하지만 겨우 열세 살에 불과한 그녀가 신장을 떼어 주어야 한다는 건 너무나 가혹한 고통일 것입니다. 이 괴로운 갈림길에서 결국 그녀는 변호사를 찾아가 부모님을 상대로 소송을 감행하는 선택을 합니다. 그리고 가족을 사랑하지만 자신의 권리를 찾고 싶었던 안나는 언니에게 치명적인 결과를 가져올지도 모르는 결정을 내리게 되지요.

우리도 이 이야기를 통해서 피붙이의 병을 고치기 위한 목적으로 태어난 아이가 가지고 있는 삶의 권리에 대해서 생각해 볼 수 있게 됩니다.

02 DNA를 찾아서

때로는 특정 산업의 발달이 그와 전혀 연관성이 없어 보이는 다른 분야에까지 영향을 미치는 경우가 종종 있습니다. 생물학 분야에서도 그런 일이 일어났는데, 그 변화 중한 가지는 광학 산업의 발달이 생물학 연구에 큰 도움을 주었다는 것이죠. 17세기 네덜란드의 상인이었던 레이우엔훅(Antonie van Leeuwenhoek, 1632~1723)은 혼자 유리세공술을 공부해서 렌즈를 만들고 배율이 상당히 높은 현미경을 발명했습니다. 현미경은 단순히 크기가 작은 물체를 크게 확대해서 보는 것뿐만 아니라, 세상에는 우리가 알지 못했던 세계가 존재한다는 사실을 알려 준 것에 그 의미가 있습니다. 레이우엔훅의 현미경 렌즈 아래에서 펼쳐지는 다양한 원생동물의 향연은 그 당시 사람들에게 커다란 충격을 주었습니다.

이처럼 렌즈 가공기술의 발달은 성능이 우수한 현미경의 개발로 이어졌고, 이는 더 다양한 미소(微小) 세상을 사람들에게 보여 주었답니다. 연구를 할 때 현미경을 이용하게 되면서, 원생생물뿐 아니라 식물이나 동물의 몸을 구성하고 있는 기본 단위 역시 아주 작은 존재라는 사실을 알게 되었죠. 바로 세포(cell)라는 것입니다.

로버트 훅(Robert Hooke, 1635~ 1703)이 코르크를 현미경으로 관찰하던 중에 물질을 이루는 작은 구조에 세포라는 이름을 붙인 것은 17세기였지만, 모든 생물체가 세포로 이루어져 있다는 사실을 확인하기까지는 한참의 시간이 더 걸렸어요. 독일의 M. J. 슐라이덴(Matthias Jakob Schleiden, 1804~ 1881)이 1838년 식물체가 세포로 구성되어 있다는 사실을 밝혀내고, 뒤이어 1839년에는 T. 슈반(Theodor Schwann, 1810~1882)에 의해 동물체도 세포로 이루어져 있다는 사실이 밝혀졌지요. 사람들은 이제 인간의 몸이 막으로 둘러싸인 말랑말랑한 덩어리, 즉 세포로 이루어져 있다는 사실을 받아들이게 되었습니다. 만약 세포가 생명체를 구성하는 기본 구조라면, 생명체를 이루는 모든 정보도 이 세포 안에 들어 있는 건 아닐까요?

서서히 밝혀지는
DNA의 정체

세포핵 속에는 무엇이 담겨 있을까?

1876년 독일의 동물학자였던 오스카 헤르트비히(Oskar Hertwig, 1849~1922)는 현미경을 이용해 성게의 수정 과정을 연구하던 중에 난자와 정자가 만난 뒤 정자의 핵이 난자 안으로 빨려 들어가 두 핵이 하나로 합쳐지면서 새로운 수정란이 만들어지는 과정을 관찰했답니다. 이때 정자가 난자에게 전해 주는 것은 오로지 세포핵뿐이었지만, 수정란은 무럭무럭 자라서 하나의 개체로 발달했습니다. 유성생식을 하는 생물의 경우, 양친에게서 골고루 유전적 성질을 물려받습니다. 그런데 정자, 즉 남성이 자손에게 넘겨주는 것은 오

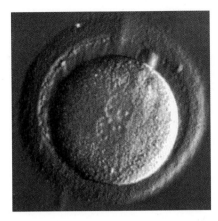

정자와 난자의 수정과정 중 난자의 핵과 정자의 핵이 하나로 융합하는 모습. 이 과정을 통해 비로소 하나의 수정란이 형성되어 발달합니다.

직 작은 세포핵뿐입니다. 따라서 남성이 생식에 기여하기 위해서는 이 핵 속에 유전정보를 넣어 전해 주지 않으면 불가능하다는 결론이 나오게 됩니다. 도대체 핵 속에 어떤 물질이 들어 있기에 유전을 가능하게 하는 것인지를 증명하는 것이 숙제로 남았지요.

또한 이즈음에 보통 때는 핵 속에 실처럼 퍼져 존재하다가 세포분열 시기에는 막대기 모양으로 뭉쳐서 나타나는 물질도 발견되었습니다. 이 물질은 유난히 염기성염료에 염색이 잘 되기에 학자들은 이 물질에 염색사(染色絲, chromatin) 혹은 염색체(染色體, chromosome)라는 이름을 붙여 주었지요. 그러나 이 물질이 무엇인지는 아직 알지 못했습니다(염색체에 대한 이야기는 다음 장에서 다시 자세히 다루도록 할게요).

생각보다 단순한 DNA의 구조

핵 속에 들어 있는 물질의 정체를 밝힌 사람들의 계보를 따라가다 보면, 스위스의 생화학자 프리드리히 미셔(Johann Friedrich Miescher, 1844~1895)의 이름까지 거슬러 올라가게 됩니다. 미셔는 1868년, 고름에 들어 있는 백혈구의 핵을 추출하여 그 성분을 분석한 결과 세포핵 안에는 인과 질소가 매우 풍부하게 들어 있음을 알게 됩니다. 인과 질소가 어떤 물질의 구성 성분인지는 알지 못했지만, 그래도 이 두 물질이 핵 속에 존재하는 물질을 구성하는 대표 원소라고 생각한 미셔는 핵 속에 들어 있다고 생각되는 물질에 뉴클레인(nuclein)이라는 이름을 붙여 주었지요. 그 후 미셔는 연구에 연구를 거듭한 결과 백혈구뿐 아니라 다른 세포의 핵에도 인과 질소가 가득 들어 있다는 것을 알게 되었습니다. 그리고 1874년에는 이 물질이 산성을 나타낸다는 것을 발견하고 다시 뉴클레익 액시드(nucleic acid), 즉 핵산(核酸)이라는 이름을 붙여 주었지요.

그러나 미셔도 핵산이 유전의 정수라는 사실은 깨닫지 못했습니다. 이는 미셔뿐 아니라 당시의 많은 학자들 역시 마찬가지였습니다. 사람들은 유전물질이 단백질일 것이라고 굳게 믿고 있었기 때문입니다. 인간의 몸의 많은 부분은 10만여 종의 단백질로 구성되어 있습니다. 우리의 신체 대부분은 물을 제외하고는 단백질로 구성되어 있지요. 그래서 우리 몸의 정보가 담긴 유전물질 역시 단백질일 것이라는 믿음이 강했습니다. 또한 단백질은 20종의 아미노산으로 이루어져 있었기 때문에 이를 조합하면 매우 복잡하고 다양한 단백질들을 만들 수 있기에 복잡한 — 복잡할 것이라고 생각한 — 유전 정보를 가지고 있기 적당해 보였거든요.

물론 인체가 단백질로 만들어져 있다고 해서 유전물질이 반드시 단백질이어야 한다는 법은 없습니다. 로봇이 금속으로 이루어져 있다고 해서 로봇의 설계도까지 금속으로 만들 필요는 없으니까요. 단백질로 만들어진 신체이지만 유전정보는 핵산에 실려 있을 수도 있어요. 얼마 뒤, 핵산의 일종인 DNA의 구조가 밝혀졌지만 DNA는 그 구조가 너무 단순한 것이 오히려 마이너스 요인으로 작용했습니다. DNA는 오각형의 당을 중심 구조로 하여 인산과 네 종류의 염기[아데닌, 구아닌, 시토신, 티민(RNA의 경우는 티민 대신 우라실)]로만 구성되어 있기 때문입니다. 겨우 네 가지만으로 그토록 복잡한 인간의 정보를 모두 표현할 수는 없을 것이라 생각했던 것이죠. 인간을 이루는 정보가 복잡할 것이라는 생각은 그 기본 구조 물질 역시 여러 종류일 것이라는 선입견을 가지게 했고, 이는 오랫동안 인간의 유전물질이 DNA가 아니라 단백질일 것이라는 생각에 무게를 실어 주게 됩니다.

게다가 단백질은 끊임없이 생성되고 없어지는 등 변화무쌍한 데 반해, DNA는 평소에는 아무런 일을 하지 않는 것처럼 보입니다.

따라서 학자들은 DNA가 유전물질이 아니라, 유전물질인 단백질을 지지해 주는 버팀목 같은 존재라고 생각하게 됩니다. 너무도 적은 종류와 안정된 구조를 가지는 DNA는 복잡하고 다이내믹한 유전정보를 전달해 주는 물질로서는 어울리지 않는 것처럼 보였으니까요. 이처럼 고정관념이나 선입견은 사건의 본질을 흐리게 하는 주요인으로 작용하는 경우가 많은데, 유전물질의 연구에서도 예외는 아니었습니다. 이런 고정관념은 세기가 바뀐 1900년대에 들어서도 한동안 변하지 않았습니다.

유전물질의 강력한
후보로 떠오른 DNA

DNA, 유전물질로 의심받다

이때까지 단백질은 유전물질로 '의심' 될 뿐, 정확히 어떤 단백
질이 어떤 메커니즘으로 유전에 관여하는지는 알려진 바가 없었습
니다. 그런데 1928년, 영국의 세균학자인 그리피스(Fred Griffith,
1877~1941)의 실험이 유전물질의 정체에 대해 새로운 방향을 제
시하게 됩니다.

당시 그리피스는 폐렴을 예방하는 폐렴백신을 개발하던 중이어
서 폐렴을 일으키는 원인 중 하나인 폐렴구균(Pneumococcus)이라
는 세균을 이용해 실험을 하고 있었습니다. 그리피스는 실험을 하

던 도중 이상한 사실을 관찰했습니다. 당시 그리피스가 실험에 사용하던 폐렴구균은 S형과 R형 두 가지였는데, 이 둘은 같은 종이지만 그 성질은 전혀 달랐어요. 같은 폐렴구균이라도 S형은 독성이 강해 치명적인 폐렴을 일으키는 반면, R형은 독성이 거의 없거나 매우 약해서 감염되어도 폐렴에 걸리지 않았거든요. 참고로 이들에게 S와 R형이라는 이름이 붙은 이유는 S형은 점액을 배출해 콜로니(colony, 세균의 집합체) 표면이 코팅된 것처럼 매끄러웠기(smooth) 때문이며, R형은 점액을 배출하지 못해 표면이 거칠었기(rough) 때문입니다.

항생제가 개발되기 전까지 폐렴은 가장 치명적인 질병 중에 하나였습니다. 당시 폐렴은 호흡기 질환 중 사망률 1위를 달리는 무서운 질병이었지요. 그래서 그리피스는 폐렴이 일어나는 메커니즘을 알아내기 위해 쥐를 이용하여 실험을 했습니다. 먼저 첫 번째 실험에서는 생쥐에 각각 S(Smooth)형 폐구균과 R(Rough)형 폐구균을 주입했습니다. 그랬더니 예상대로 독성이 강한 S형에 감염된 생쥐는 폐렴에 걸려 얼마 못 가 죽어 버렸지만, R형을 주입받은 생쥐는 별 탈이 없었지요. 폐렴을 일으키는 것은 S형 폐구균이 만들어 낸 독소가 아니라, 살아 있는 S형 폐구균이었습니다. 왜냐하면 S형 폐구균을 처리해서 죽은 상태로 주입시키면 생쥐는 멀쩡했으니까요.

미생물에 의한 질병은 미생물 그 자체가 원인이 되는 경우도 있고, 미생물이 만들어 낸 독소가 원인이 되는 경우도 있으니 이것을 구별해야 합니다. 대표적으로 보툴리눔 독소가 여기에 속하죠. 대개의 식중독균의 경우에는 균 자체가 식중독을 일으키기 때문에 음식을 충분히 끓이거나 기타 살균 처리를 해서 균을 죽이게 되면 안전한 경우가 많습니다. 반면 보툴리누스균에 의한 식중독은 균 자체가 아니라 균이 만들어서 분비한 독소 때문에 중독이 일어납니다. 그래서 아무리 완벽하게 균을 죽인다 한들 이미 만들어 낸 독소를 없애지 않으면 위험성은 그대로 남아 있거든요. 그리피스는 이 실험을 통해 폐렴을 일으키는 것은 살아 있는 S형 폐구균이라는 사실을 알아냈습니다.

뒤이어 그리피스는 S형 폐구균에 열처리를 하여 이를 완전히 죽인 뒤에 독성은 없지만 살아 있는 R형 폐구균과 섞어서 쥐에 주입해 보았습니다. 그는 독한 S형은 죽었고 R형은 독성이 없으니 생쥐가 무사할 것이라고 생각했지만, 실험 결과는 그의 기대를 저버리고 생쥐들이 모조리 폐렴에 걸려 죽어 버리는 것으로 나왔습니다. 이게 대체 어떻게 된 일일까요? 놀란 그리피스는 폐렴에 걸린 쥐들의 폐 추출물을 살펴보았습니다. 그랬더니 거기에는 놀랍게도 살아 있는 S형 폐구균들로 득실대고 있었습니다. 어떻게 이런 일이 일어난 걸까요?

그리피스, 유전물질의 정체를 밝혀내다

　지금까지의 결과를 볼 때 독한 S형 폐구균이 죽으면 독성을 지니지 않게 되지만, 독성의 원인은 죽은 S형 폐렴균 안에 여전히 남아 있습니다. 그리고 이를 살아 있는 R형과 섞었을 경우 죽은 S형 폐구균의 독성 정보가 R형 폐구균으로 옮겨가 해롭지 않은 R형을 순식간에 무서운 S형으로 바꿔 버린다고밖에는 해석할 수 없게 됩니다. 그런데 과연 어떤 물질이 순한 R형을 표독스럽게 바꿔 버리는 정보를 전달하는 것일까요? 지금까지는 이런 정보를 가지고 있는 유전물질은 단백질일 것이라는 의견이 우세했습니다. 그러나 문제는 단백질은 열에 약하다는 것입니다. 단백질은 열에 의해 쉽게 변성됩니다. 달걀을 물에 넣어 삶으면 단백질이 액체에서 고체로 변하는 것처럼 말이에요. 따라서 열처리를 하는 동안 S형 폐구균의 단백질은 모조리 변성되었을 테니, R형 폐구균에게 정확한 정보를 전달해 주기에는 아무래도 무리가 따르지요. 그래서 세포 내에 들어 있으면서도 단백질이 아닌 것을 찾다 보니 결국 의혹의 눈길은 자연스레 DNA로 넘어가게 됩니다.

　그리피스의 실험에 관심을 가졌던 미국의 세균학자 에이버리 (Oswald Theodore Avery, 1877~1955)는 독성이 없는 세균을 유독한 세균으로 변화시키는 물질을 밝히기 위해 다음과 같은 실험을 시작했습니다. 그는 독성이 있는 S형 폐구균을 대량으로 배양한

[그림] 그리피스의 폐렴구균과 생쥐 실험

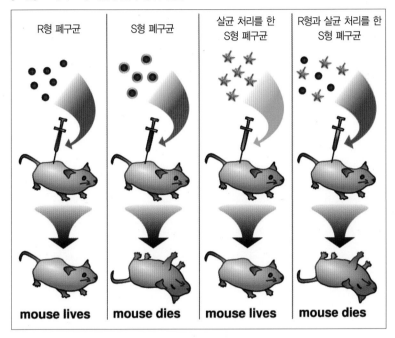

R형 폐구균	S형 폐구균	살균 처리를 한 S형 폐구균	R형과 살균 처리를 한 S형 폐구균
mouse lives	mouse dies	mouse lives	mouse dies

뒤에 세포를 깨뜨려서 내용물을 따로 모았습니다. 그러고는 폐구균의 추출물에 들어 있는 성분을 하나씩 분리한 뒤에 이를 각각 따로 무해한 R형 폐구균에 넣어서 어떤 물질이 유입되었을 때 독성을 가지게 되는지를 관찰하였던 것이죠.

세포질 속에 든 물질을 모두 분리해서 하나하나 실험한다는 것은 대단히 고되고 지루한 대규모 작업이었습니다. 하지만 거듭되는 테스트에도 불구하고 독성을 가지도록 변화시키는 물질은 발견되지 않았습니다. 그도 그럴 것이 에이버리 역시 DNA는 유전물질이 되기에는 너무 간단하며, 복잡한 유전 패턴을 지휘하기 위해서는 역시 20개의 아미노산을 재료로 삼는 단백질이 유전물질이라고 믿었기 때문이지요. 그래서 독성 폐렴균에서 뽑아낸 단백질 성분을 먼저 테스트했었기에 결과가 번번이 실패로 돌아갔던 것입니다.

과학자들, 심각한 고정관념의 함정에 빠지다

지금 우리야 DNA가 유전물질일 수밖에 없다는 것을 확실하게 알고 있지만, 당시의 과학자들은 유전물질이 단백질일 것이라는 믿음이 더 강했고 에이버리 역시 그 강력한 고정관념을 벗어나지 못했습니다. 과학자들이 실험을 할 때 아무런 계획 없이 하는 것은 아닙니다. 여러 가지 현상들을 관찰하고 이를 종합한 뒤, 가장 모순 없는 가설을 설정하고 그 가설에 따라서 실험을 하는 것이지요. 만약에 가설이 정확했다면 실험은 가설을 뒷받침하는 증거를 제시하게 될 것이고, 이런 증거들로 기초를 세운 뒤 이를 논리적으로 설명할 수 있을 때 비로소 가설은 '이론'으로 인정을 받게 되지요.

그러나 만약 가설이 처음부터 잘못 설정되었다면 실험 결과는 처음에 세운 가설로는 설명할 수 없는 모순을 가지게 될 것입니다. 이런 경우, '실험 결과를 통해 가설의 잘못된 부분을 알아내고, 가설을 수정한 뒤 재실험을 통해 수정된 가설을 입증'해야 합니다.

즉, 아무리 가설을 이론적으로 완벽하게 세웠다고 하더라도 실제 실험 결과에서 가설과 다른 점이 발견된다면 가설이 틀렸다고 인정해야 하는 것이 가장 이상적인 상황입니다. 그러나 많은 과학자들은 자신의 가설이 옳다는 전제 하에 실험을 하기 때문에 실험 결과가 가설과 다르게 나와도 곧바로 가설을 수정하는 경우는 별로 없습니다. 따라서 가설이 틀렸다기보다는 가설을 입증하기 위한 실험 설계가 잘못되었다고 생각하고, 실험 방법을 바꾸거나 성공할 때까지 실험을 반복하는 방법을 택하는 사람들이 의외로 많습니다. 특히 자신이 만든 가설에 대해 믿음과 자부심이 큰 학자일 경우, 종종 이와 같은 잘못을 저지르곤 하지요.

에이버리 역시 이와 같은 잘못을 저지른 사람이었습니다. 그래서 그는 폐구균에서 얻을 수 있는 단백질을 거의 모두 테스트해 본 뒤에야, '단백질이 유전물질'이라는 자신의 가설이 잘못된 것이 아닐까라는 의심을 품게 됩니다. 그리고 그제야 DNA를 테스트하게 되는 데, 독성 폐구균에게서 추출한 DNA를 무해한 폐구균에게 주입하자 지금까지 순한 모습을 보였던 폐구균은 당장 치명적인 폐구균으로 변모하게 됩니다. 이 결과에 놀란 에이버리는 반증실험, 즉 단백질에는 해가 없고 DNA만을 파괴하는 약물(DNA 분해효소)을 이용한 실험을 시도했습니다. DNA 분해효소를 처리하자 다른 단백질들은 모두 이상 없음에도 불구하고 S형 폐구균의 추출물은 R형 폐구균을 변화시키지 못했습니다. 이는 확실하게 DNA가 유전적 특성을 나타내는 물질이라는 것을 증명하는 결과였죠. 결국 에이버리는 자연에서 일어나는 형질전환(transformation) 과정을 직접 목격한 것이고, DNA의 유전물질 가능성을 '의심'에서 '거의 확실함'으로 바꾸어 버립니다.

이처럼 외부에서 들어온 DNA에 의해 생명체의 유전적 형질이 바뀌는 것을 '형질전환'이라고 합니다. 우리는 형질전환이라는 것이 아주 최근에 알려진 기술이며 실험실에서 인공적으로만 할 수 있는 일이라고 생각하기 쉽습니다. 하지만 실제로는 자연에서 매우 빈번하게 일어나는 현상입니다. DNA는 매우 안정적이기 때문에 세포 밖에서도 파괴되지 않은 채 분자 상태로 존재하다가 다른 세포로 들어갈 수 있으며, 이 경우 새로 들어간 세포 내에서도 원래의 유전적 성질을 발현할 수 있는 능력을 지니고 있습니다. 특히 미생물들의 경우 유성생식을 하지 않는 대신, 형질전환을 통해 자신의 DNA를 새롭게 하고 극심한 환경의 변화에도 적응하여 살아남습니다. 현재 실험실에서 하고 있는 형질전환 실험은 미생물들이 이미 수십억 년 전부터 해 왔던 일을 그대로 따라 하는 것입니다. 다만 자연계의 형질전환은 무작위로 일어나는 것에 비해 인간이 하는 형질전환은 목적과 의도가 포함되었다는 것이 차이라면 차이라고 할 수 있지요. 대표적인 것이 대장균을 이용한 인슐린 제조입니다. 대장균에 사람의 인슐린을 만드는 정보가 들어 있는 DNA를 넣어 주는 것입니다. 그러면 대장균은 원래는 만들지 않던 사람의 인슐린을 만들어 내게 되는데, 이 방법을 이용하면 당뇨병 치료에 반드시 필요한 인슐린을 저렴한 비용으로 대량 생산하는 것이 가능하게 됩니다.

'DNA는 유전물질이다'라는 진실

다시 에이버리의 연구로 돌아가 봅시다. 결국 에이버리는 1944년, 공동연구자였던 맥클라우드(Colin Munro MacLeod, 1909~1972), 맥카티(Maclyn McCarty, 1911~2005)와 함께 자신의 연구 결과를 논문으로 발표하게 됩니다. 그의 논문을 읽은 과학자들은 두 번 놀랐습니다. 첫 번째는 단백질이 아닌 DNA가 유전물질일지도 모른다는 사실에 놀랐고, 두 번째는 그럼에도 불구하고 에이버리의 논문이 너무도 명확하고 논리적이어서 믿을 수밖에 없다는 사실에 놀랐던 것이죠. 이제 DNA가 유전물질이라는 것은 거의 확실해졌습니다. 하지만 아직도 많은 학자들은 DNA를 인정하는 데 인색했고, 아직도 단백질이 유전물질이라 믿는 일부 학자는 에이버리에게 노벨상이 주어지지 못하도록 방해하는 일도 서슴지 않았지요. 이런 이유로 에이버리는 DNA가 유전물질이라는 것을 밝혀낸 공로에도 불구하고 노벨상을 받지 못했습니다. 훗날 DNA의 이중나선 구조를 밝혀낸 제임스 왓슨(James Dewey Watson, 1928~)은 자신의 저서에 "에이버리는 많은 사람들의 방해를 받았고, 심지어 스웨덴의 한 물리화학자는 DNA가 유전물질이라 해도 DNA의 유전 메커니즘이 완전히 규명될 때까지는 그에게 노벨상을 주어서는 안 된다고 주장하였다. 에이버리는 1955년 사망했고 결국 그는 노벨상을 받지 못했다. 그러나 DNA가 유전물질이라는 사실에는 변함이 없었으므로, 만약 그가 몇 년만 더 살았더라면 노벨상은 그에게 확실히 돌아갔을 것이다."는 이야기를 했습니다.

유전물질의 후보로 강력하게 떠오른 DNA. 이제 남은 문제는 이 단순해 보이는 DNA가 도대체 어떤 방식으로 유전적 형질을 후대에 전달하는지에 대한 것입니다. 도대체 DNA는 어떤 구조를 가지고 있기에 유전적 형질을 전달하는 것이 가능한 것일까요? 이제 드디어 우리가 잘 알고 있는 DNA의 이중나선 구조를 찾아낼 때가 되었습니다. 왓슨과 크릭(Francis Harry Compton Crick, 1916~2004), 라이너스 폴링(Linus Carl Pauling, 1901~1994), 그리고 윌킨스(Maurice Hugh Frederick Wilkins, 1916~2004)와 로잘린드 프랭클린(Rosalind Franklin, 1920~1958), 이 세 그룹의 과학자들은 누가 먼저 DNA의 구조와 유전방식을 설명하여 '최초의 DNA 구조 발견자'로 후대에 이름을 남길지를 두고 치열한 경쟁에 들어가게 됩니다.

왓슨과 크릭,
DNA를 그려 내다

DNA의 살아 있는 전설, 왓슨을 만나다

1999년 12월, 당시 생물학과 대학원생이던 저는 학회에 참석하기 위해 뉴욕의 콜드 스프링 하버 연구소(Cold Spring Harbor Laboratory)에 가게 되었습니다. 도착한 다음날, 시차 적응이 아직 안된지라 비몽사몽간에 식당에서 밥을 먹고 있는데 저만치서 어떤 할아버지 한 분이 홀로 식사를 하고 계시더군요. 잠자리에서 일어나서 바로 나온 듯 마구 헝클어진 머리에 얼굴에는 검버섯이 잔뜩 핀 채로 식사를 하는 할아버지의 모습은 초라해 보이기까지 했습니다. 그런데 이상하게도 그 할아버지의 얼굴이 낯설지 않게 느껴

졌습니다. 생전 처음 밟아 보는 미국 땅에 아는 사람이라고는 전혀 없는 상황에서 이상하다고 생각했지요.

그런데 같이 밥을 먹던 다른 연구자들이 그 할아버지를 보더니 웅성웅성거리기 시작했습니다. 그러더니 그중 몇몇이 그 할아버지에게 다가가 악수를 청하면서 인사를 했습니다. 저는 한참을 생각한 끝에 그 할아버지를 어디서 봤는지 깨달았습니다. 그는 연구소 메인 홀 벽에 걸려 있던 커다란 초상화, 이 연구소의 소장이자 전설적인 인물, 제임스 왓슨이었습니다.

당시 생물학을 공부하는 햇병아리 대학원생이었던 저에게 왓슨이라는 이름은 거의 신화 속의 인물과 다름없었습니다. DNA의 구조를 알아내 분자생물학이라는 분야를 창시한 인물, 그리고 이를 통해 기존의 생물학 연구 방향을 분자와 유전자 수준으로 확대시킨 인물이 지금 나와 한 공간에서 같이 밥을 먹고 있다니……. 갑

DNA의 구조를 발견한 노벨 생리의학상 수상자 제임스 왓슨.

자기 묘한 기분이 들었습니다. 마치 타임머신을 타고 과거로 날아가 역사 속의 인물을 만난 느낌이랄까요? 지금 와서 생각해 보니 1953년에 DNA 구조를 알아내었을 때 왓슨 박사가 겨우 만 스물다섯 살이었기 때문에 1999년이라고 해 봤자 71세이니 충분히 활동하실 나이였을 텐데 말입니다.

젊은 과학도들의 열정이 노벨상으로

에이버리의 실험을 통해 유전정보를 전달하는 물질이 단백질이 아닌 DNA라는 사실은 거의 확실시되었습니다. 그러나 DNA가 유전물질로 인정받기 위해서는 아직도 넘어야 할 산이 남아 있었습니다. DNA가 진정한 유전물질이라면 도대체 어떤 구조를 가졌고, 어떻게 작동하기에 한 세대에서 다음 세대로 형질을 전달할 수 있는지를 설명할 수 있어야 하니까요.

이렇게 중요한 연구 주제가 과학자들의 마음을 사로잡지 않을 수 없었겠지요. 이후 많은 과학자들이 DNA의 구조를 밝혀서 유전의 과정을 설명하기 위한 연구를 시작했고, 그중에서도 세 팀의 연구진들이 가장 정답에 근접하게 다가갔지요. 그중 하나는 미국의 물리화학자 라이너스 폴링이었고, 나머지 두 팀은 영국의 윌킨스와 프랭클린, 그리고 왓슨과 크릭이었습니다.

우리는 DNA 구조를 발견한 장본인으로 왓슨과 크릭의 이름이 교과서에 나와 있기 때문에 이들이 가장 뛰어난 연구자라고 생각하기 쉽습니다. 하지만 원래 왓슨과 크릭은 이 세 팀 중에서 가장 뒤처진다는 평가를 받던 팀이었습니다. 당시 왓슨은 생물학을 전공하는 20대 초반의 대학원생이었고, 크릭은 원래 물리학을 전공하다가 31세가 되어서야 겨우 유전에 관심을 갖기 시작한, 이 분야에서는 거의 초보나 다름없는 과학도였지요. 게다가 둘 다 아직 박사학위조차 없는 대학원생이었고요. 그에 비해 폴링은 당시 스탠포드대의 교수이자 현존하는 최고의 화학자 중 한 사람으로 명성이 자자했습니다. 윌킨스와 프랭클린 역시 DNA의 구조를 밝히는 데 매우 중요하게 쓰이는 X선 회절 사진을 훌륭하게 찍어 내는 데 성공해서 이들보다 훨씬 더 유리한 고지를 선점하고 있었습니다. 그런데 어떻게 해서 그들보다 출발도 더뎠고, 학문적 완성도도 부족하기만 했던 두 대학원생의 이름이 역사에 남게 되었을까요?

후대의 학자들은 오히려 그들이 젊고 학문적으로 미숙했기에 다른 이들에 비해 더 자유롭게 사고할 수 있던 것이 장점으로 작용했다고 말합니다. 이것은 왓슨 자신도 인정한 부분입니다. 자신들이 부족하고 미숙했기 때문에 오히려 다른 사람의 말에 더 귀를 기울였고, 새로운 것을 찾는 것을 두려워하지 않았다고요. 왓슨과 크릭이 DNA에 관심을 가지기 시작한 것은 1950년대 초반입니다. 이

때는 이미 DNA의 구성 물질이 밝혀진 상황이었습니다. DNA는 가운데 오각형 모양의 디옥시리보오스를 중심으로 양쪽으로 인산과 염기를 하나씩 가진 디옥시뉴클레오티드라는 구조가 매우 길게 연결된 분자라는 것을요. 게다가 DNA를 이루는 염기는 아데닌, 구아닌, 시토신, 티민의 네 종류이며, DNA의 구성 성분을 분석하면 항상 아데닌의 양은 티민의 양과 같고 구아닌의 양은 시토신의 양과 같다는 사실이 밝혀져 있었지요.

이들이 DNA의 구조를 연구하던 시기에 오스트리아 출신 생화학자 샤가프(Erwin Chargaff, 1905~2002)는 다양한 생물체의 DNA를 추출하여 크로마토그래피를 통해 네 가지 염기의 비율을 측정하는 실험을 하고 있었지요. 그는 생물의 종류에 따라 염기의 양은 모두 다르지만 어떤 종에서는 아데닌과 티민이 더 많고 어떤 종에서는 구아닌과 시토신의 양이 더 많은 것처럼, 종마다 염기의 양은 모두 다르지만 한 가지는 변하지 않는다는 사실을 알아냈지요. 그건 바로 염기의 비율이었어요. 양은 다르더라도 모든 생물종의 DNA에서 아데닌과 티민의 비율은 항상 1 : 1이고, 구아닌과 시토신의 비율도 역시 1 : 1이라는 것이었죠. 이는 어떤 생물종을 막론하고 나타나는 현상이어서 아데닌과 티민, 구아닌과 시토신 사이에 모종의 연관이 있을 것이라는 예상을 하게 만들었지요.

숨어 있는 공로자, 로잘린드 프랭클린

이제 DNA의 구조를 밝히기 위한 바탕이 마련되었습니다. 디옥시뉴클레오티드의 네 가지 종류와 그들의 비율이 밝혀진 것이죠. 이건 마치 네 가지 종류의 블록을 가지고 성을 쌓아야 하는데, 빨강색과 노란색 블록의 수가 같고 파란색과 초록색 블록의 수가 같도록 해야 한다는 단서가 달린 것과 마찬가지였어요. 일단 두 염기의 비율이 일정하다는 것에서 두 염기가 어떤 방식으로든 짝을 지어 연결되어 있다는 추리가 가능하지요. 문제는 이 두 염기를 어떻게 짝을 지어 안정적인 구조를 이루도록 만드느냐는 것이었습니다.

자, 같이 생각해 봅시다. 여기 수십억 개의 블록이 있습니다. 이 블록을 가지고 아주 긴 구조물을 만들려면 어떻게 해야 할까요? 일단 가장 쉬운 것은 블록을 그냥 한 줄로 쭉 늘어놓는 것입니다. 하지만 이런 경우 길이가 너무 길기 때문에 중간에서 꺾이거나 부러질 확률이 높아 안정적이지 못합니다. 그렇다면 블록을 공 모양으로 한데 뭉쳐서 쌓으면 어떨까요? 이런 경우 구조 자체는 안정적일지 몰라도 유전물질이 복제될 때 전체를 해체해서 하나씩 복제하고 다시 뭉쳐야 하는 복잡한 과정을 거쳐야 하기 때문에 비효율적이죠. 그러니 DNA가 유전물질이 되기 위해서는 먼저 구조가 안정적이어야 하고, 그러면서도 복제가 쉬운 구조여야 한다는 두 가지 조건을 만족시켜야 했습니다.

까다로운 두 가지 문제점을 해결하기 위해 왓슨과 크릭이 생각해 낸 것은 나선 구조였습니다. 나선 구조는 동일한 모양의 블록이 많이 되풀이되더라도 기하학적으로 안정성을 유지할 수 있는 구조거든요. 그런데 DNA가 나선 구조를 가지고 있을 것이라고 생각했던 사람은 왓슨과 크릭만이 아니었습니다. 라이너스 폴링 역시 이 것을 알고 있었지요. 그리고 폴링은 실제로 1953년 초에 DNA의 구조에 대한 논문까지 발표합니다. 이 논문에서 폴링은 DNA가 삼중나선 구조로 꼬여 있을 것이라고 예측합니다. 세 가닥의 나선이 풀리지 않는 것은 인산들이 수소결합으로 버티어 주기 때문이라고 말이죠.

폴링이 구상했던 DNA의 모습. 폴링은 DNA의 인산이 수소결합을 통해 세 가닥의 구조물을 잇는 삼중나선(triple helix) 구조를 도입했습니다.

왓슨과 크릭은 DNA가 나선 구조로 꼬여 있을 것이라는 폴링의 주장을 듣고 처음에는 자신들의 생각과 동일한 것에 대해 크게 놀랐습니다. 하지만 폴링이 제시한 삼중나선 구조를 검토한 결과 삼중나선보다는 이중나선(double helix) 형태가 훨씬 더 안정적이라는 생각을 하게 되었답니다. DNA 사슬의 모양이 비틀린 이중나선 구조라는 것은 현재 우리에게는 상식처럼 여겨지는 사실이지요. 하지만 그때까지는 아무도 그런 생각을 하지 못했습니다. 왓슨과 크릭의 위대함은 여기에 있습니다. 아무도 하지 못했던 생각을 '최초'로 해냈다는 것 말이죠. 그러나 그들의 이런 착안은 사실 다른 연구자들이 없었더라면 알기 힘들었을 거예요. 실제로 왓슨과 크릭이 자신들의 생각이 옳다는 것을 확신하게 된 데는 한 장의 사진이 중요한 역할을 했습니다. 바로 그들과 경쟁 그룹에 있던 로잘린드 프랭클린이 찍은 X선 회절 사진이었지요.

DNA의 구조를 설명하기 위해서는 실제 세포의 핵 속에 있는 DNA가 어떤 모양으로 들어 있는지를 알아야 하고, 이때 사용할 수 있는 것이 X선 회절 사진입니다. X선 회절 사진이란 물체를 투과하는 기능이 있는 X선을 이용하여 물질을 파괴하지 않고 원자의 배열 상태를 X-ray 필름에 찍어 내는 기술입니다. 원자의 배열 상태를 안다는 것은 결국 물질의 구조를 파악하는 데 커다란 도움이 됩니다. 그런데 왓슨과 크릭은 X선 회절 사진을 찍을 줄 몰랐기 때문에, 자신의 가설을 설명하기 위해 이 분야에서 전문가인 프랭클린의 사진을 참조했었지요.

　여기서 'DNA의 다크 레이디(Dark Lady)' 라는 별명을 가진 로잘린드 프랭클린이 등장합니다. 어려서부터 재능 뛰어난 천재 소녀였던 프랭클린은 당시 흔치 않은 여성과학자로서 DNA의 X선 회절 사진을 찍는 데 매우 천부적인 실력을 지니고 있었지요. 프랭클린은 DNA의 사진도 훌륭하게 찍었습니다. 그리고 그 사진 중에서 DNA의 구조에 대한 결정적인 힌트를 제공하는 사진이 있었습니다. 만약 왓슨과 크릭이 그 사진을 보지 못했더라면 최초의 DNA 구조 발견자는 프랭클린으로 기록되었을지도 모릅니다.

 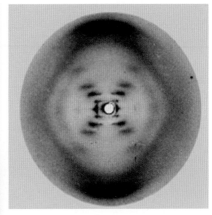

로잘린드 프랭클린과 DNA 구조를 밝히는 데 결정적인 역할을 했던 DNA의 X선 회절 사진.

우연과 행운의 결과, 그리고 사라진 이름

과학 작가인 네이선 아선(Nathan Arson)은 왓슨과 크릭이 DNA
의 구조를 발견할 수 있었던 것은 굉장한 우연과 행운의 결과라고
말합니다. DNA의 배열 상태에 대해 열심히 고민하고 연구하고 있
었던 왓슨과 크릭은 프랭클린이 찍은 DNA 사진을 보고 싶었습니
다. 하지만 프랭클린은 이 소중한 자료를 쉽게 보여 주지 않았었
죠. 그런데 문제는 늘 내부에서 일어납니다. 영국의 킹스칼리지에
서 같이 일했던 윌킨스와 프랭클린 사이에 충돌이 일어났던 것이
죠. 윌킨스는 프랭클린을 자신의 보조 연구자로 생각했던 반면 프
랭클린은 동등한 동료 연구자로서의 위치를 주장했어요. 그리고
윌킨스의 생각에 반발했던 것입니다. 일종의 알력 싸움이라고도
할 만한 이 둘의 신경전은 극단으로 치달았고, 기분이 나빠진 윌킨
스는 프랭클린이 최근에 찍은 가장 선명한 DNA 사진을 프랭클린
에게 양해도 구하지 않고—자신의 부하가 찍은 사진은 자신이 맘
대로 다루어도 될 것이라고 생각하고—왓슨과 크릭에게 보여 주
었다고 해요. 일종의 어부지리(漁父之利)로 사진을 얻게 된 왓슨과
크릭은 속으로 쾌재를 부르지 않았을까요?

그들은 프랭클린의 사진을 통해서 DNA는 한 줄이 아니라 두
줄로 이루어져 있으며 나선 모양으로 꼬여 있다는 결정적인 힌트
를 얻게 됩니다. 그들은 여기에다가 앞에서 말한 샤가프의 법칙을

더합니다. 샤가프의 법칙은 아데닌과 구아닌의 양은 동일하고, 티민과 시토신의 양이 동일하다는 것이었죠? 두 줄의 DNA와 서로 같은 양의 염기. 여기서 이들은 아데닌과 구아닌이 짝을 이루고, 티민과 시토신이 짝을 이뤄 두 줄로 이루어진 DNA의 기본 구조를 착안해 낸 것이죠. 이 구조는 원래 전부터 생각해 왔던 것이었지만, 당시 그들은 뼈대가 되는 당 부위가 안쪽에 있고 염기 부위가 바깥쪽으로 돌출되어 있던 모습으로 DNA를 상상했답니다. 그러나 이런 모양으로는 안정적인 이중나선이 만들어지지 않아 고민 중이었죠.

그런데 그들은 프랭클린을 만난 뒤, DNA는 자신들이 생각했던 것과 반대의 모양을 가지고 있을 것이라는 힌트를 얻게 됩니다. 즉, 뼈대가 되는 부위가 바깥쪽에 있고, 염기가 이중나선 안쪽으로 들어가 있는 모습을 말이에요. 디옥시뉴클레오티드의 방향을 살짝 바꿔 이렇게 배치해 보니 놀랍게도 그들의 눈앞에는 아무리 길게 연결시켜도 안정한 DNA의 모습이 떠올랐지요. 실제로 DNA에서는 뼈대가 되는 당 부위가 바깥쪽에 존재하고, 안쪽에 염기들이 놓여 있으며, 각 염기들은 수소결합을 통해 두 개의 사슬이 풀리지 않고 단단하게 결합되어 있습니다. 사다리에 비유하자면 사다리의 양쪽 기둥이 바로 DNA의 당 부위이며, 사다리의 기둥을 연결하는 발판이 수소결합을 통해 결합한 염기들인 것입니다. 왓슨과 크릭은 자신들이 비로소 오랫동안 베일에 감춰져 있었던 DNA의 구조

자신들이 추론해 낸 DNA 모형 앞에 서 있
는 왓슨(왼쪽)과 크릭(오른쪽).

적 비밀을 밝혀냈다는 것을 깨달았습니다. 이들은 자신의 생각을
정리하여 1953년 4월 25일, 저명한 과학저널인 「네이처」에 실었
고, 이 논문은 1962년 그들에게 노벨상의 영광을 안겨 줍니다.

흥미로운 사실은 우리들은 왓슨과 크릭의 이름만을 기억하지만,
당시 노벨상 수상자는 세 명이었습니다. 그들에게 DNA의 X선
사진을 보여 주었던 윌킨스 역시 공동 수상자로 시상대에 같이 올
랐습니다. 그렇다면 가장 결정적인 단서를 제공했던 프랭클린은
왜 상을 받지 못했을까요? 안타깝게도 프랭클린은 1958년에 난
소암으로 사망해서 노벨상 수상 당시에는 이미 고인이 된 후였거
든요.

사실 프랭클린은 DNA의 구조를 발견하는 데 있어서 가장 중요
한 증거를 제시했던 장본인임에도 불구하고, 그녀의 공적에 대해

서는 그동안 폄하되어 왔던 것이 사실입니다. 최근에 들어서 잊혀진 여성과학자 프랭클린의 삶에 대해서 조명하는 시도가 나타나고 있기는 합니다. 그러나 왓슨과 크릭, 그리고 윌킨스가 노벨상을 받고 그들의 이름이 백과사전에 근사하게 실리는 동안, 그녀의 이름은 과학사 저편으로 사라졌습니다. 그 이유 중 한 가지는 그녀가 흔치 않은 '여성' 연구자였기 때문이었습니다. 역사는 이렇게 그녀의 이름을 묻은 채, 왓슨과 크릭과 윌킨스의 이름만을 기록했습니다. 그들이 그녀의 도움을 받아 창시한 분자생물학은 지난 50년 동안 체세포복제와 유전자 재조합 수준까지 도달했는데도 말이지요.

왜 이중나선 구조일까?

우리에게 DNA가 갖는 진정한 의미

유전자 귀족 시대를 그린 SF영화 〈가타카〉에서는 주인공 빈센트와 유진이 같이 사는 독특한 인테리어의 집이 나옵니다. 빈센트는 유전자 하층 계급이라 사회적으로 출세할 수 없는 처지였고, 유진은 최고의 유전자를 타고난 유전자 귀족이었으나 불의의 사고로 하반신이 마비된 인물이었죠. 두 사람은 서로의 필요에 의해 기묘한 동거를 시작합니다. 빈센트는 마음대로 움직일 수 없는 유진 대신 그의 이름과 신분을 빌어 사회적 성공을 거두고, 유진은 자신을 빈센트에게 빌려주고 본인의 못 다한 꿈을 이뤄 나가는 그를 보며 대리만족을 느낍니다. 미래 세계를 그린 영화인지라 독특한 배경과 소품이 많이 등장했지만 그 영화에서 가장 눈길을 끌었던 것은 층과 층을 잇는 계단의 모습이었습니다. 아무런 장식도 없는 금속 계단은 나선형으로 꼬인 모양이었습니다. 마치 DNA의 모습처럼 말이죠. 그리고 그 계단의 위쪽에는 밖으로 난 현관문이 있습니다. 이 나선형 계단을 통해 빈센트는 위로 올라가 세상으로 나서고, 다리가 불편한 유진은 계단 아래쪽에서 휠체어에 의지한 채 밖으로 나간 빈센트가 돌아오기를 기다립니다. 나선 모양의 유전자로 인해 서로의 처지가 뒤바뀌게 된 이 두 사람의 상황을 나타내고 있는 듯합니다.

영화 〈가타카〉의 한 장면. 이제는 오를 수 없게 되어 버린 나선형 계단 아래에서 살게 된 유진은 예전에 자신이 살았던 위쪽 세상을 하염없이 바라만 볼 뿐입니다.

어느덧 우리에게 이중나선의 이미지는 DNA와 유전, 그리고 더 나아가 우생학적 차별에 이르기까지 다양한 이미지를 내포하는 것이 되어 버렸습니다. 그만큼 이중나선의 의미가 우리에게 강력하게 다가왔다는 것이죠. 복잡다단한 생명의 정수이면서도 반복적인 단순한 구조의 아름다움이 사람들을 사로잡았던 겁니다. DNA의 이중나선 구조는 미학적으로도 아름다울 뿐만 아니라, 매우 실용적이기도 하답니다.

DNA의 구조에 대해서는 많은 추측들이 있었습니다. 폴링이 삼중나선 구조의 DNA를 추측해 논문을 발표한 것처럼 말이에요. 그런데 그 수많은 구조 중 이중나선 구조는 DNA의 안정성과 복제 가능성을 가장 깔끔하고 간단하게 설명할 수 있는 방식이었어요.

DNA의 이중나선 구조가 확실히 성립되기 위해서는 DNA가 어떤 방식으로 복제되는지를 보여 주는 것이 가장 중요합니다. DNA는 생명체의 유전정보를 담고 있는 저장 창고이자, 필요할 때는 스스로의 유전정보를 복제할 수 있는 능력도 지니고 있어야 합니다. 그래야 세포분열을 할 때 딸세포에 동일한 유전정보를 전달해 줄 수 있으니까요. 이중나선 구조의 DNA는 나선의 일부가 열리면서 한 가닥으로 떨어진 DNA를 주형으로 하여 새로운 DNA 가닥이 생성되는 방식으로 복제가 됩니다.

예를 들어 여기에 지퍼가 하나 있습니다. 이 지퍼와 똑같은 지퍼를 하나 더 만들고 싶다면 어떻게 하는 것이 가장 정확할까요? 지퍼는 톱니의 개수나 모양이 조금만 틀려도 잘 맞물리지 않기 때문에 정확하게 만들어야 합니다. 따라서 지퍼를 정확히 복제하기 위해서는 지퍼를 완전히 연 후에 각각의 톱니를 주형으로 삼아 거기에 꼭 맞는 모양을 만들어 내는 것이 좋습니다. DNA도 마찬가지의 방법을 이용합니다. 이중나선 DNA가 열리면서 각각 한 가닥의 DNA가 틀이 되어 거기에 꼭 맞는 디옥시뉴클레오티드가 달라붙어 복제가 일어나게 되는 것입니다.

본격적인 분자유전학의 시작

다시 얘기하지만 DNA는 당·인산·염기로 이루어져 있어요. 그리고 염기를 구성하는 데는 항상 질소 원자가 필요해요. 그래서 연구자들은 두 가지 질소 원자, 즉 무거운 15N과 상대적으로 가벼운 14N의 질소 동위원소를 이용해 실험을 했어요. 먼저 무거운 15N 질소가 든 배양액에서 대장균을 충분한 시간을 두고 키웁니다. 그럼 대장균은 배양액 속에 든 15N 질소를 이용해 DNA를 복제하기 때문에 충분한 시간이 흐르면 모든 대장균의 DNA는 무거운 15N 질소로 만든 염기로 가득 들어차게 되겠죠. 이제 이 대장균을 가벼운 14N 질소가 들어 있는 배지로 옮긴 뒤, 한 번 세포분열을 했을 때의 DNA와 두 번 세포분열을 했을 때의 DNA를 추출해 원심분리기로 돌려 질량별로 나누어 봅니다.

원심분리기란 원심력을 이용해 혼합된 물질을 분리하거나 여과하는 기계입니다. 원심분리기에 혼합물을 넣고 고속으로 회전시키면 물질은 질량에 따라 분리됩니다. 튜브에 DNA 혼합액을 넣고 원심분리기에 넣어 회전시키면 DNA는 질량에 따라 분리되게 되는데, 무거운 15N DNA는 아래쪽에, 가벼운 14N DNA는 위쪽에 밴드를 형성하게 되지요. 폴링의 실험실 대학원생이었던 메셀슨(Matthew Stanley Meselson, 1930~)과 스탈(Franklin William Stahl, 1929~)은 이 원리를 이용해 무거운 15N DNA를 가진 대장균을 가벼운 14N 배양액에서 세포분열시킨 후 원심분리기에 넣어서 돌렸습니다. 그러자 이 둘의 '중간 무게를 가진 DNA'가 만들어지고 이 현상은 세대를 거듭해도 동일하게 나타난다는 것이 관찰되었습니다. 중간 무게의 DNA가 만들어진다는 것은 DNA가 복제될 때 절반을 기본으로 새로운 절반이 복제된다는 것을 의미합니다. 이로 인해 이중나선 구조의 DNA가 어떤 방식으로 복제되는지가 설명되었고, DNA의 구조에 대한 논쟁은 마무리되었답니다.

메셀슨과 스탈은 1958년 질소 동위원소와 원심분리기를 이용해 DNA의 복제 과정을 증명해 냈습니다. 이제 이들의 증명으로 DNA가 생명체의 정보를 담고 있는 유전물질이라는 사실과 어떤 과정을 통해 후손들에게 유전적 특성을 물려주는지를 설명할 수 있게 되었습니다.

[그림] 메셀슨 – 스탈의 실험

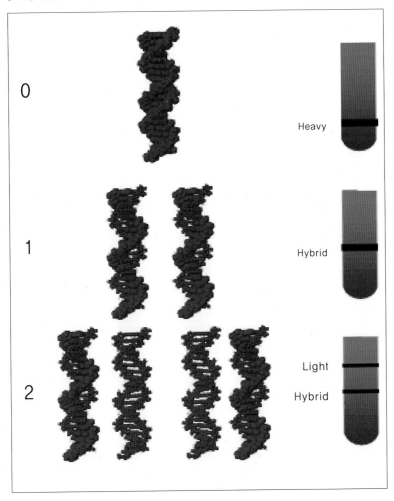

episode 2 | 줄기세포가 제시하는 미래

어느 날, 성범죄 전담반에 강간 신고 전화가 걸려온다. 피해자는 몇 년째 식물인간 상태에 빠진 젊은 여성이다. 식물인간 여성이 임신을 한 것을 발견한 병원 직원이 이를 파렴치한 강간 사건으로 추정하고 경찰에 신고를 한 것이었다. 병원 직원들의 DNA를 채취하여 친자 확인 검사에 나선 경찰은 피해자의 주치의를 유력한 용의자로 지목하지만, 태아의 DNA는 그의 DNA와는 맞지 않는다. 더욱 이상한 것은 주치의의 행동이었다. 주치의는 치료상의 이유를 들어 피해자 부모의 동의도 제대로 받지 않고 중절 수술을 강행하려고 한 것이다. 이를 수상히 여긴 경찰의 수사 결과 충격적인 사건의 전모가 드러난다. 이 주치의는 파킨슨병에 걸린 재벌 총수를 치료하기 위해 혼수상태의 환자에게 인공수정으로 임신을 시켜 태아의 줄기세포를 얻으려는 의도였다. 즉 재벌 총수의 정자를 혼수상태의 여성 환자의 몸에 넣어 인공수정을 유도하고, 임신된 태아를 낙태시켜 여기서 치료 대상자인 재벌 총수와 유전자가 유사한 줄기세포를 얻기 위해 이런 일을 벌인 것이었다.

– 〈성범죄 수사대 : SVU〉 시즌 4의 에피소드 중에서

파킨슨병이라……. 드라마를 보다가 이 병명이 나오자 관심이 쏠렸습니다. 그도 그럴 것이 파킨슨병은 제가 대학원에서 연구하던 주제였던 데다, 저의 외할아버지께서도 돌아가시기 전에 이 병으로 고생하셨기 때문입니다. 게다가 줄기세포라……. 몇 년 전 전국을 떠들썩하게 만들었던 줄기세포 사건과 연관되어 많은 것을 생각하게 만드는 에피소드였습니다. 특히 인간에게 일어나는 퇴행성 질환과

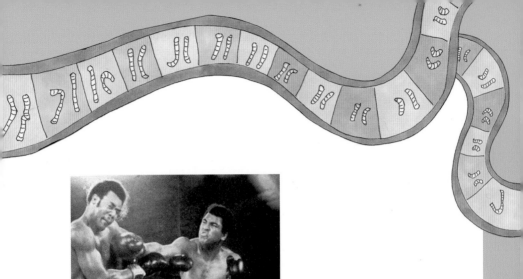

'나비처럼 날아 벌처럼 쏜다' 라는 말로 유명했던 전설의 복서 무하마드 알리(오른쪽)의 모습. 이렇게나 건강한 모습이었던 알리는 머리에 지나치게 충격을 많이 받았던 것이 원인이 되어 파킨슨병에 걸렸습니다.

그 질환의 치료를 위해 시도되는 다양한 행위들 사이에서 '치료' 와 '윤리' 중 무엇을 우선으로 고려해야 하는지에 대해 다시 한 번 생각하게 되었습니다.

먼저 퇴행성 뇌질환의 일종인 파킨슨병에 대해서 알아보겠습니다. 이 병은 1817년에 영국의 J. 파킨슨(James Parkinson, 1755~1824)이 처음으로 특징을 파악하고 발견한 병으로, 발견자의 이름을 따서 파킨슨병이라고 부릅니다. 파킨슨병은 여러 가지 이유 — 반복적인 충격, 마약의 과다복용, 유전자 이상, 노화 등 — 로 인해 소뇌 쪽의 흑색질(substantia nigra) 부위가 서서히 파괴되며 일어나는 질환입니다. 전설의 복서 무하마드 알리가 걸린 질병으로 대중들에게 알려졌지요. 소뇌는 인체의 운동 능력을 조정하는 부위이기 때문에 이 부위가 주로 파괴되는 파킨슨병의 경우, 신체의 운동 능력 조절 기능이 저하됩니다. 그래서 이 병에 걸리면 손발 혹은 입술의 떨림, 근육의 경직, 앞으로 넘어질 듯한 보행 등의 증상이 나타나는데, 이 중에서 가장 특징적인 것은 가만히 있을 때 손발이 제멋대로 떨리거나 움직이는 증상, 즉 진전 증상입니다. 지난 애틀랜타 올림픽 때, 성화 봉송 주자로 나섰던 알리의 움직임이 이상했던 것은 바로 파킨슨병 때문입니다.

흑색질 부위의 파괴는 신경전달물질의 일종인 도파민(dopamine)의 부족을 가져옵니다. 흑색질 부위의 뇌세포들은 도파민을 특히 많이 분비하거든요. 도파민은 뇌 속에서 여러 가지 중요한 역할을 하는 신경전달물질입니다. 도파민 부족은 앞서 말한 것처럼 운동을 조절하

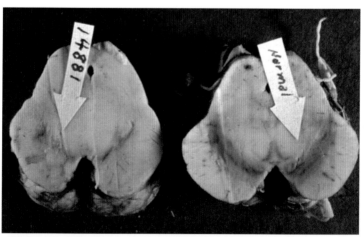

파킨슨병에 걸린 사람의 뇌(왼쪽)와 정상인의 뇌(오른쪽)의 단면도. 육안으로 보아도 오른쪽에서는 까맣게 보이는 흑색질 부위(화살표가 가리키는 부분)가 왼쪽에서는 거의 관찰되지 않을 알 수 있습니다. 이처럼 파킨슨병에 걸리면 소뇌 부근의 흑색질의 파괴로 운동 장애가 나타나게 됩니다.

는 소뇌의 기능을 떨어뜨려 파킨슨병을 일으킬 수 있으며, 도파민 과다는 대뇌피질을 지나치게 많이 자극하여 정신분열이나 환각 등을 일으킬 수 있습니다. 따라서 균형 잡힌 도파민 농도를 유지하는 것은 뇌의 정상적인 활동을 위해 매우 중요하답니다.

파킨슨병에 걸린 환자는 흑색질의 도파민 분비 신경세포가 죽어 버리기 때문에 도파민 부족에 시달릴 수밖에 없습니다. 파킨슨병의 다양한 증상들은 주로 도파민의 부족 탓에 생깁니다. 따라서 이 경우 부족한 도파민을 외부에서 주입해 주는 것만으로도 상당한 효과를 볼 수 있습니다. 그래서 실제 파킨슨병 환자에게 가장 많이 쓰이는 것은 엘도파(L-dopa)라는 도파민 전구물질로 만들어진 약입니다. 이 약을 먹게 되면 엘도파가 몸속으로 들어와 효소에 의해 도파민으로 변하면서 파킨슨병의 증상들을 약화시켜 줍니다. 저의 할아버지께서도 병원에서 처방받은 엘도파를 드신 이후, 입술과 손의 떨림이 많이 줄어들어 당신 힘으로 식사가 가능하신 정도까지 증상이 호전되었던 기억이 납니다.

하지만 도파민의 투여는 임시방편일 뿐입니다. 아무리 도파민을 투여한다고 한들 파괴된 뇌세포가 살아나는 것도 아니고, 뇌세포의 파괴가 멈추는 것도 아니기 때문입니다. 따라서 도파민의 투여는 부족한 도파민을 채워 주어 증상을 개선시켜 주는 효과는 있지만, 파킨슨병 자체를 근본적으로 치유하지는 못합니다. 그리고 파킨슨병이 점점 진행되어 흑색질 뇌세포들이 더 많이 파괴될수록 더 많은 도파민을 투여해야 하는데, 그러면 경련과 같은 부작용이 일어날 위험이 높아집니다. 따라서 도파민의 외부 투여는 파킨슨병이 상당히 진행된 이후에는 그 효과가 떨어질 수밖에 없습니다.

그래서 다음으로 연구된 것이 도파민을 만드는 흑색질의 신경세포 자체를 그대로 뇌에 이식하는 방법이었습니다. 애초부터 신경세포가 죽어서 발생되는 질환이니만큼 신경세포 자체를 이식하면 병이 회복될 것이라는 전제 하에서 말이지요. 성인의 신경세포는 면역거부반응 때문에 이식이 힘들기 때문에, 주로 낙태된 태아에서 추출한 신경세포를 환자의 뇌에 이식하는 방법이 사용되었습니다. 하지만 여기에도 문제가 있었습니다. 아무래도 성인과 태아의 뇌 크기에는 차이가 있다 보니 성인 환자 한 사람을 치료하기 위해서는 태아가 10~20명 정도 필요했습니다. 게다가 이식된 신경세포는 어쩐 일인지 2~3년밖에 살지 못해서 그때마다 다시 태아의 신경세포를 이식해야 하니, 이를 반복하는 것은 현실적으로 불가능한 일이었지요. 그래서 그 이후로 제시된 것이 만능세포라고 할 수 있는 배아줄기세포를 얻어 이를 실험실에서 배양시켜 이식하는 방법입니다.

3년 전에 있었던 '줄기세포 파동'으로 인해 많은 국민들이 줄기세포의 기능을 알게 되었습니다. 줄기세포란 나무의 줄기가 모든 가지로 연결되듯이 다른 세포들로 분화될 수 있는 능력을 가진 세포를 말합니다. 그중에서도 아직 발생 중인 태아에게서는 우리 몸의 모든 세포로 분화될 수 있는 만능세포인 배아줄기세포를 얻을 수 있습니다. 이론적으로 배아줄기세포는 우리 몸의 어떤 세포로든 분화가 가능하기 때문에 적절한 처리를 하게 되면 세포의 이상으로 인해 일어나는 모든 질병의 치료가 가능하다는 결론이 나옵니다. 물론 이 일이 현실적으로 가능해지기 위해서는 넘어야 할 산이 아직 많지만 말입니다.

그러나 단순히 의학적인 문제만이 넘어야 할 산은 아닙니다. 오히려 더 큰 문제는 성인의 질병을 치료하기 위해서 '그대로 자라면 사람이 될 수도 있는 배아'를 파괴하는 것이 과연 옳은 일인가라는 윤리적 문제입니다. 급작스런 사고가 발생하면 대개의 경우 어린아이부터 구하는 것이 옳다고 생각합니다. 앞으로 자랄 날이 많은 아이의 생명을 구하는 것이 이미 성인이 된 사람을 먼저 구하는 것보다 우선순위를 지닌다는 것에 대해서는 많은 사람들이 동의하니까요. 하지만 이 우선순위는 아이보다 더 많은 인생이 남아 있을지도 모르는 태아로 넘어가면 순식간에 바뀝니다. 태아는 아직 '정식 인간'으로의 권리가 주어지지 않았기 때문에 우선순위에서 뒤로 밀리게 되는 것이지요.

줄기세포의 이용은 많은 의학적 문제를 해결해 주는 획기적인 치료법이 될지도 모릅니다. 하지만 이 기술의 임상적 이용에는 '배아의 파괴' 라는 윤리적인 문제가 늘 따라다니기 마련입니다. 의학적 가능성과 윤리적 문제, 이 사이에서 균형 잡힌 해답으로 제시되고 있는 것은 바로 성인의 몸에서 뽑아낸 성체줄기세포입니다.

다 자란 성인의 몸에서도 줄기세포의 기능을 하는 일부 세포들이 존재합니다. 이것이 성체줄기세포이지요. 이들은 대개 제한적으로만 분화가 가능해서 모든 세포로 분화할 수 있는 배아줄기세포의 분화에는 미치지 못합니다. 하지만 최근 신체의 다양한 부분에서 줄기세포를 추출할 수 있고, 각각의 줄기세포를 이용해 다양한 세포들을 얻는 연구가 진행되고 있습니다. 성체줄기세포는 성인의 몸에서 세포 일부만을 추출하는 것이기에 배아를 파괴해야 하는 윤리적 문제로부터 자유롭고, 또한 스스로의 몸에서 세포를 추출하는 것이기에 이식 시 고려해야 하는 면역거부반응으로부터도 자유롭습니다. 윤리적인 문제와 의학적 문제를 모두 고려해 볼 때 성체줄기세포 연구는 이에 대한 훌륭한 대안이 될 수 있습니다.

실제로 파킨슨병의 치료에도 성체줄기세포가 이용되고 있습니다. 지난 3월, 호주의 그리피스 대학 연구팀은 파킨슨병 환자의 코에서 채취한 줄기세포를 파킨슨병의 치료에 필요한 도파민 분비 신경세포로 분화시키는 데 성공했다는 연구 결과를 내놓았습니다. 현재 성공한 것은 파킨슨병 환자의 코에서 채취한 줄기세포를 분화시켜 인공적으로 파킨슨병에 걸리게 한 실험용 쥐에게 이식했더니, 실험용 쥐의 파킨슨병이 상당히 완화되었다는 것까지입니다. 인간의 후각 신경에는 줄기세포가 일부 존재해서 이 줄기세포를 이용해 심장, 신경, 간세포로 분화를 유도하는 실험은 이미 성공한 바 있지만, 이번에는 이렇게 분화된 세포를 생체에 이식해서 실제로 효과를 볼 수 있다는 사실까지 알아낸 것이죠. 아직은 동물실험 단계이지만, 이 연구가 계속된다면 파킨슨병에 걸린 환자들이 자신의 후각신경을 이용해 파킨슨병을 치료하게 될 날도 그리 멀지 않았으리라는 생각이 듭니다.

이 드라마의 결말은 이러합니다. 식물인간 여성의 부모의 반대로 태아를 낙태하는 것이 허용되지 않자 파킨슨병에 걸린 늙은 재벌은 태아가 자신의 아이라는 것을 이용해 양육권 신청을 하는 것으로 끝납니다. 이 재벌은 아이를 키우고 싶어서 양육권을 신청한 것이 아니라 — 그는 애초부터 낙태할 목적으로 그녀의 몸속에 아이를 '심었던' 것이니까요 — 아이의 태반과 탯줄을 가질 목적으로 양육권을 신청한 것입니다. 태반과 탯줄 속에 들어 있는 제대혈에는 조혈모세포 같은 아직 미분화된 세포들이 풍부하기 때문이지요. 그러고 보니 줄기세포를 찾는 방법 중에는 성체줄기세포 외에 제대혈을 이용하는 방법도 있습니다. 방법을 찾기만 한다면 굳이 배아를 파괴하는 일을 하지 않고도 다른 대안을 찾을 수 있는데, 우리는 이런 대안들이 귀

찮고 복잡하다는 이유로 배아를 파괴하는 비윤리적인 일을 아무렇지도 않게 받아들이고 있는 것은 아닌가 하는 생각이 들었습니다. 정말 많은 것을 생각하게 한 드라마 한 편이었답니다.

　마지막으로 이 글을 쓰고 있던 지난 11월, 신문에서 흥미로운 기사를 하나 읽었습니다. 스페인과 이탈리아, 영국 등 유럽 3개국 출신 과학자들로 이루어진 공동 연구진이 줄기세포를 이용해 만든 기관(氣管, trachea, 2개의 주기관지와 폐를 연결하는 길이 15cm에 지름 2~3cm 정도의 가느다란 관. 점막으로 내부가 덮여 있고 섬모가 나 있어 폐로 들어온 공기를 축축하게 하고 이물질을 걸러주는 역할을 한다)을 환자에게 성공적으로 이식하는 데 성공했다는 기사였습니다.

　이 기사를 보고 줄기세포의 인체 적용이 이루어졌고, 드디어 다른 질병들에도 적용될 가능성이 생겼다고 기대하신 분들이 많았을 것입니다. 이제 흥분을 잠시 가라앉히고 이 실험 과정을 자세히 살펴보겠

세계 최초로 줄기세포로 만든 기관 이식술을 받아 건강을 되찾은 클라우디아 카스틸로. 동영상은 http://kr.youtube.com/watch?v=pou-FsgC1GY

습니다. 이번 줄기세포 이식 실험은 줄기세포 자체만으로 만들어 낸 것은 아닙니다. 실은 기증자로부터 기관(氣管)을 기증 받은 뒤에 거부반응을 일으킬 수 있는 세포들은 모조리 제거하고 콜라겐으로 만들어진 기본 골격만 남겼습니다. 그리고 여기에 환자 자신의 골수에서 채취한 성체줄기세포를 이용해 만든 상피세포 등을 덮어 이를 환자에게 이식하는 과정을 거쳤습니다. 즉, 이 경우에 줄기세포 자체의 이식이라기보다는 보통 이루어지고 있는 장기 이식의 보조 형태로 이용되었던 것입니다. 이것이 가능했던 이유는 기관이라는 조직이 비교적 모양이나 기능이 단순하고, 이를 이루는 세포들의 종류가 몇 되지 않았기 때문이었습니다.

줄기세포 소동 이후 3년이 흘렀지만, 아직까지도 줄기세포 연구 분야는 '비약적인 발전'이 아닌 이와 같이 '꾸준하지만 느린 전진'을 보이고 있습니다. 물론 이런 작은 발걸음이 계속해서 쌓이다 보면 어느 순간 커다란 진전이 일어나기도 할 테지만 아직까지는 미지의 분야로 남아 있지요.

03 염색체,
차별과 차이의 역사

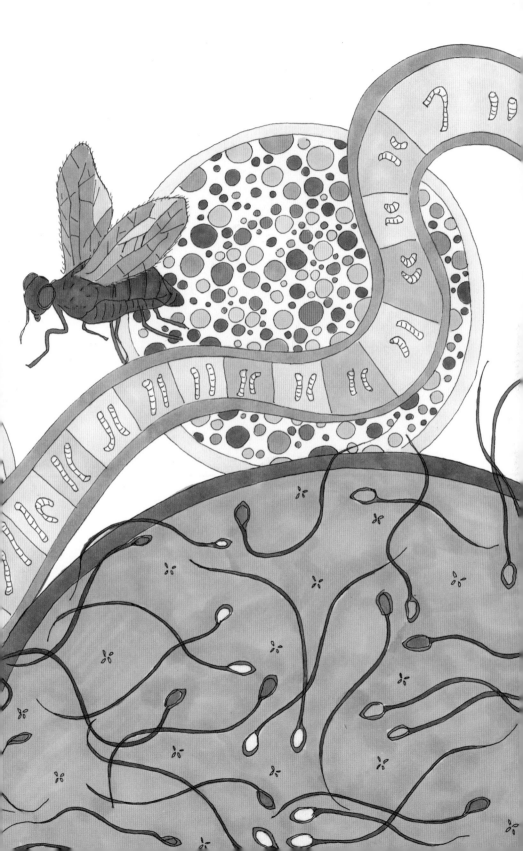

지금까지 우리는 유전물질인 DNA의 발견 과정에 대해 살펴보았습니다. 이제부터는 DNA 구조를 발견한 왓슨과 크릭 이후 50년 동안의 이야기를 하기에 앞서서 염색체에 대해 먼저 알아보고자 합니다. 16세기, 네덜란드의 상인이자 현미경 제작자였던 레이우엔훅은 자체 제작한 현미경을 통해 연못에서 떠올린 한 방울의 물 속에, 자신의 입 속에서 긁어낸 침 한 방울 속에 대도시 인구보다 많은 수의 미생물들이 살고 있음을 발견했습니다. 현미경으로 본 마이크로 월드의 모습은 당시 사람들에게 커다란 충격이었던 모양입니다. 눈으로 보이는 세계 외에도 눈에 보이지 않는 세상이 있다는 것을 눈으로 직접 확인하고 싶었던 사람들

레이우엔훅이 만들었던 현미경. 현재의 현미경과는 모습이 많이 다르지만, 레이우엔훅은 최고 270배까지 확대할 수 있는 현미경을 만들어 미생물의 존재를 확인했습니다.

은 레이우엔훅에게 몰려들었고, 심지어는 러시아 황제마저도 친히 방문하여 세균들의 모습을 관찰하였습니다. 이후 렌즈를 가공하는 기술이 점점 더 정교해짐에 따라, 인간의 시야도 그만큼 확대되었습니다.

DNA의 버추얼 버전인 염색체는 DNA와 달리 광학현미경으로도 충분히 볼 수 있기 때문에 먼저 사람들에게 인식되었고, DNA의 구조가 밝혀지기 전에도 많은 연구가 수행되었습니다. 또한 DNA에 대한 연구가 DNA 그 자체의 구조나 성질 등을 밝히는 일에 주력하여 생화학과 분자생물학적으로 연구되었던 것과는 달리, 염색체에 대한 연구는 실제 유전과 관련되어 개체의 유전현상과 연결되

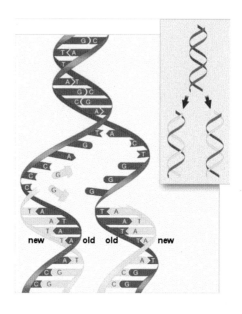

DNA의 복제 과정. 나선형으로 꼬여 있던 DNA가 열리면서 각각의 DNA 가닥을 주형 삼아 그와 상보적인 새로운 DNA가 만들어집니다. 따라서 DNA가 복제된 후에는 원래 가지고 있던 DNA 가닥과 새롭게 만들어진 DNA 가닥이 절반씩 맞물린 형태로 만들어집니다.

었습니다. 그래서 돌연변이의 등장이나 유전질환 및 우생학적 연구와 관련된 경우가 많았습니다. 그래서 이번 장에서는 DNA의 정체를 밝히는 과정이 아닌 염색체에 대한 연구 시도가 어떤 방식으로 우리의 삶에 영향을 미쳤는지 따로 살펴보고자 합니다.

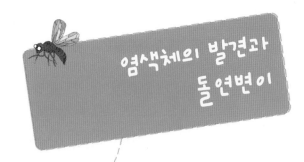

염색체의 발견과
돌연변이

염색체는 염색이 잘 되는 물질?

중학교 과학시간에 양파세포를 관찰하는 실험을 했던 경험이 있으실 겁니다. 양파의 속껍질을 벗겨 내서 아세트산카민 용액으로 염색한 뒤에 현미경으로 관찰하면 빨갛게 염색된 양파의 핵이 보였지요. 저는 운이 좋지 못했는지 염색체는 보지 못했습니다. 평상시 DNA는 가늘게 흩어져 있어서 광학현미경으로는 보이지 않지만, 세포가 분열할 때가 되면 염색체 형태로 두꺼워지기 때문에 초점만 잘 맞추면 현미경으로도 쉽게 볼 수 있습니다.

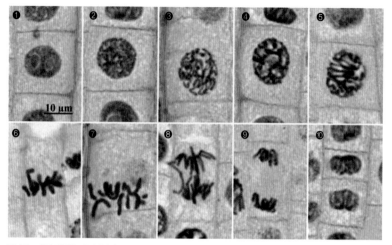

양파세포에서 관찰한 세포분열의 각 단계에서 핵과 염색체의 모습.

❶ ❷번은 세포분열 간기로 염색체는 핵 전체에 염색사 상태로 퍼져 있어 관찰되지 않습니다.

❸ ❹ ❺번은 세포분열 전기의 모습으로 염색사가 점차 뭉쳐서 염색체를 형성하기 시작합니다.

❻ ❼번은 세포분열 중기의 모습으로 염색체가 뚜렷이 나타나 세포의 중심에 늘어섭니다.

❽번은 세포분열 후기의 모습으로 방추사에 의해 염색체가 세포 양끝으로 절반씩 나누어 이동합니다.

❾번은 세포분열 말기로 염색체가 완전히 양끝으로 이동합니다.

❿번은 세포분열 완료 후 다시 간기에 들어선 세포로 두 개의 딸세포가 형성된 모습을 볼 수 있습니다.

세포분열 시에는 두꺼워져 막대기 모양으로 나타나는 염색체는 현미경으로 염색체를 발견할 수 있는 수준이 되자 바로 사람들에게 모습을 드러냈습니다. 염색체가 처음 발견된 것은 1884년으로, 당시 사람들은 이 구조가 무엇을 하는 것인지 짐작조차 하지 못했습니다. 유전물질인 염색체에 유전과는 전혀 관계없는 '염색체(染色體, chromosome)'라는 이름이 붙은 이유도 이 물질이 무엇인지는 모르지만 세포를 염색할 때 쉽게 염색이 되기 때문이었지요.

세포가 분열할 때만 나타났다가 분열이 끝나면 금방 사라지는 이 이상한 물질에 사람들이 관심을 가지기 시작한 것은 20세기에 들어서부터입니다. 세 명의 과학자들에 의해 멘델의 유전법칙이 재발견된 이후, 멘델이 말한 유전인자가 혹시 염색체가 아닐까라고 의심하는 사람들이 등장합니다. 그중에서도 미국의 유전학자 월터 서턴(Walter Stanborough Sutton, 1877~1916)은 1902년, 메뚜기의 세포를 연구하던 중에 메뚜기 세포에서 관찰되는 염색체가 멘델이 가정한 유전인자와 비슷하게 행동한다는 것을 알아차렸습니다. 일반 세포에서 염색체는 항상 쌍으로 존재하지만, 생식세포에서는 그렇지 않았던 것입니다. 보통의 세포에서 염색체가 2벌 존재하는 것과는 달리, 생식세포에서는 염색체가 그 절반인 1벌밖에 존재하지 않았던 것이죠. 이것은 멘델이 이야기했던 물질의 성질과 일치하는 특성이었습니다.

이에 미국의 월터 서턴은 긴 연구 끝에 염색체가 바로 멘델이 유전법칙을 이끌어 낼 수 있었던 유전의 근원이라는 주장을 하게 됩니다. 같은 시기 독일의 생물학자 보베리(Theodor Heinrich Boveri, 1862~1915) 역시 성게를 이용한 실험을 하던 도중 염색체와 유전과의 상관관계를 알아차립니다. 이들의 이름을 따서 유전물질이 염색체에 존재한다는 이론을 우리는 '서턴-보베리 염색체 이론(Sutton-Boveri chromosome theory)'이라고 부른답니다.

유전학을 위해 자신을 희생한 초파리

그렇지만 여전히 많은 사람들이 염색체의 역할에 대해 의구심을 가지고 있었습니다. 그들의 주장을 믿지 않았던 사람들 중에는 초파리를 통한 염색체 연구로 유명한 토머스 모건(Thomas Hunt Morgan, 1866~1945)도 포함되어 있었습니다. 알려진 바에 의하면 모건은 염색체가 유전물질이라는 주장에 대해 처음에는 상당히 배타적이었다고 합니다. 그의 상식으로는 막대기처럼 생긴 염색체가 어떻게 같은 부모에게서 낳은 아이들을 서로 다르게 만드는지 이해할 수 없었던 것이죠.

토머스 모건은 염색체 연구로 1933년 노벨 생리의학상을 수상했습니다.

만약에 염색체가 하나로 이어진 형태라면 모든 유전적 형질도 하나로 이어져 있을 것입니다. 모건의 생각은 멘델의 실험 재료였던 완두를 예로 들었을 때 노란색 완두 – 매끈한 모양 – 자줏빛 꽃 등 모든 형질이 염색체 위에 하나로 이어져 있어, 동시에 유전이 되어야 한다는 것이었죠. 그러나 우리는 이미 '독립유전'이라고 하여 완두의 형질은 서로 다른 형질에는 상관없이 유전된다는 것을 알고 있습니다. 노란색 완두 – 매끈한 모양 – 자줏빛 꽃은 각각 초록색 완두 – 주름진 모양 – 흰 꽃 등 우열 관계에 있는 유전자에만 영향을 받을 뿐이며 세 가지 형질 각각은 서로의 유전에 전혀 영향을 주지 않는다는 것이죠. 그러기 위해서는 모든 형질이 떨어져 있어야 하기 때문에 길게 이어진 염색체는 적당하지 못하다는 생각을 한 것입니다.

세포분열을 할 때마다 나타나는 염색체는 매번 똑같은 것처럼 보입니다. 그런데 만약 사실이 그러하다면 같은 부모에게서 태어난 형제자매들은 항상 같은 형질을 물려받아야 합니다. 그러면 생김새며 성격이 모두 동일해야 하겠지요. 하지만 '한 어미 자식도 아롱이다롱이'라는 말처럼 형제자매 간일지라도 서로 전혀 다른 모습일 경우가 더 많습니다. 모건은 부모의 형질이 절반씩 물려지는 과정 중에서 어떻게 매번 다른 형질들이 나타날 수 있는지를 설명할 방법을 찾지 못했고, 때문에 한 덩어리로 뭉쳐 다니는 것처럼 보이는 염색체가 유전물질이라는 것에 찬성하지 않았습니다.

그는 이 아리송한 유전의 원리를 이해하기 위해 초파리를 이용한 실험을 시작하게 됩니다. 초파리는 현재까지도 유전학 실험실에서 요긴하게 사용되는 실험 동물입니다. 초파리는 한 세대의 주기가 짧고(초파리의 한 세대는 12~15일 정도입니다), 한 번에 500개 정도의 알을 낳기 때문에 통계적인 분석이 가능한 데다가, 몸집이 작아 좁은 장소에서도 쉽게 기를 수 있습니다. 게다가 쉽게 돌연변이를 만들 수 있으며, 관찰해야 할 염색체 수가 8개로 적은 편이고, 초파리의 침샘에서는 보통 염색체보다 100배는 큰 거대염색체가 발견되기 때문에 관찰도 용이합니다. 이와 같은 이유 때문에 초파리는 유전학 실험을 위해 태어난 실험 동물이라고 부를 수 있을 정도로 유용한 동물이지요.

　모건의 초파리 이야기는 교과서에도 등장합니다. 시험에서도 붉은색 눈을 가진 정상 초파리와 흰색 눈을 가진 돌연변이 초파리가 반성유전을 한다는 것을 제시하고 부모들의 눈 색깔로 다음 세대에는 어떤 눈 색을 지닌 초파리가 암수 몇 마리 태어날 것인지를 예측하라는 문제가 단골로 출제되곤 했습니다. 그 당시 저는 시험 문제를 풀면서 다른 예제들도 많을 텐데 왜 매번 징그러운 '벌레'가 나오는 걸까라고 생각했습니다. 학창시절에는 초파리가 단지 반성유전(유전형질이 성염색체 위에 있어서 성에 따라 다른 확률로 발현되는 유전)을 나타내는 예로 등장하는 줄로만 알았지, 염색체 연구를 진전시킨 공로 때문에 초파리가 등장하는건 알지 못했어요. 왜 초파리의 눈 색깔이 시험문제로 나와야 했는지에 대해 미리 알고 있었더라면 덜 헷갈렸을 텐데 말이죠.

다양한 형태로 결정되는 자연 상태의 성

1909년, 모건은 초파리를 교배시키던 중 우연히 돌연변이를 발견합니다. 초파리의 눈은 붉은색을 띠는 것이 정상인데, 흰색 눈을 가진 돌연변이가 나타난 것이지요. 그리고 이상하게도 흰색 눈을 가진 초파리는 대부분이 수컷이었어요. 모건은 이 초파리를 정상적인 암컷과 교배시키는 실험을 하였고 그 결과, 1세대에는 모두 붉은색 눈 초파리를 얻고 이 1세대들끼리 교배시키자 2세대에서는 붉은색 눈과 흰색 눈을 가진 초파리를 모두 얻었습니다. 여기까지는 멘델의 우열의 법칙이 성립되는 것처럼 보였습니다. 멘델은 완두를 통해 우성과 열성을 교배하면 1세대에서는 모두 우성 형질만 가지는 잡종이 나오지만, 이 잡종끼리 교배하면 2세대에서는 다시 열성 성질이 드러나는 것을 이미 관찰한 바 있었으니까요.

그런데 모건은 멘델과 달리 동물을 실험 재료로 삼았기 때문에 한 가지 사실을 더 발견할 수 있었습니다. 그것은 2세대에서 태어난 흰색 눈 초파리는 거의 모두 수컷이라는 사실이었죠. 모건은 자신의 눈앞에 등장한 흰색 눈 수컷 초파리들이 태어나게 된 이유를

정상적인 붉은색 눈 초파리(왼쪽)와 돌연변이체인 흰색 눈 초파리(오른쪽). 모건은 초파리를 이용한 돌연변이 실험으로 염색체가 유전물질임을 증명하였습니다.

설명하기 위해서는 '암컷에게는 있으나 수컷에게는 없는' 그 무언가를 찾아 대입해서 문제를 풀어야 할 필요성을 느끼게 됩니다. 이에 모건은 끝없는 논리적 추측을 통해 초파리의 염색체 중에서 암수가 다른 모양을 가지는 유일한 염색체 쌍, 즉 성염색체에 주목하게 됩니다.

초파리 역시 인간과 마찬가지로 암컷은 XX, 수컷은 XY로 이루어진 한 쌍의 성염색체를 가지고 있습니다. 그런데 Y염색체는 X염색체에 비해 크기가 훨씬 작습니다. 모건은 혹시 X염색체에는 있지만 Y염색체에는 없는 부분에 초파리의 눈 색깔을 결정하는 유전물질이 들어 있지 않을까라고 의심하게 됩니다. 물론 이 유전물질은 붉은색이 흰색에 대해서 우성이고요. 그렇다면 암컷의 경우 두개의 X염색체를 가지고 있는데, 흰색 눈 유전자는 두 개의 염색체 위에 있어야 하기 때문에 드물게 나타나는 것입니다. 하지만 수컷의 Y염색체는 눈의 색깔을 결정하는 유전자를 갖지 않기 때문에, 나머지 한 개의 X염색체가 어떤 눈 색깔의 유전자를 가지느냐가 그대로 드러나서 비교적 흰색 눈 초파리가 많이 등장하는 것이라고 추론할 수 있습니다.

성염색체형		암컷	수컷	예
수컷이형	XY형	XX	XY	사람 및 포유류, 초파리, 뽕나무, 삼 등
	X0형	XX	X	메뚜기, 쥐, 말, 고양이 등
암컷이형	ZW형	ZW	ZZ	누에, 양딸기 등
	Z0형	Z	ZZ	조류, 파충류 등

이처럼 동일하지 않은 성염색체의 차이로 인해 개체의 성에 따라 유전형질의 발현이 달라지는 방식의 유전을 '반성유전(伴性遺傳, sex-linked inheritance)'이라고 합니다. 성의 구별이 있는 생물은 성염색체에 의해 암수가 결정됩니다. 우리는 흔히 성염색체는 X염색체와 Y염색체가 있어서 XX면 여성, XY면 남성이라고 알고 있지만 실제로 자연 상태에서 성은 더욱 다양한 형태로 결정됩니다.

첫 번째는 인간과 같은 웅성헤테로형입니다. 이때의 성염색체는 X와 Y의 두 종류가 있는데, 동일한 성염색체 두 개(XX)를 가지면 암컷이 되고 서로 다른(hetero) 성염색체 두 개(XY)를 가지면 수컷이 되는 경우입니다. 이런 경우에 자손의 성은 수컷의 정자에 의해 결정이 됩니다.

두 번째는 나방에서 나타나는 자성헤테로형입니다. 이 형태에서 성염색체는 Z, W로 표기합니다. 첫 번째 형태와는 반대로 동일한 성염색체 두 개(ZZ)를 가지는 경우가 수컷이며 다른 성염색체를 하나씩 가지는 경우(ZW)가 암컷입니다. 자연스럽게 이러한 생물의 자손은 암컷의 난자에 의해서 성이 결정되지요.

세 번째는 성염색체가 한 종류뿐인 경우입니다. 어떤 종은 같은 종류의 성염색체가 두 개 있어야 암컷인데(XX), 어떤 경우에는 하나만 있는 경우(ZO)가 암컷일 때도 있어요.

인간을 비롯한 대부분의 포유류는 XY 웅성헤테로형인데, 이 경우에는 암컷의 X염색체 중 하나가 항상 불활성화되어 동일한 유전자의 과도한 발현을 막습니다. 이렇게 불활성화되어 응축된 X염색체를 바소체(barr body)라고 부릅니다. 바소체는 여성임을 증명하는 가장 확실하고도 쉬운 방법이어서 올림픽과 같은 운동경기에 출전할 때 여성 선수라는 것을 나타내는 기준으로 사용됩니다.

모건의 연구 결과가 남긴 과제

반성유전은 사람에게도 나타납니다. 사람에게 나타나는 대표적인 반성유전에는 색맹과 혈우병이 있습니다. 색맹과 혈우병을 나타내는 유전인자는 Y염색체와 겹치지 않는 X염색체 위에 있기 때문에 여성보다 남성에게서 더 흔하게 나타납니다. 남성은 색맹 유전자를 한 개만 물려받아도 색맹이 나타나지만, 여성의 경우 양쪽 부모에게서 모두 색맹 유전자를 물려받아야 하기 때문에 훨씬 더 드물게 나타나는 것입니다. 혈우병 역시 반성유전의 대표적인 사례이지만 여성 혈우병 환자는 거의 없습니다. 그것은 혈우병 유전인자가 독성이 너무 강해 두 개가 동시에 존재하는 경우에는 치사유전자(lethal gene)로 작용하기 때문이죠. 어쨌든 초파리를 이용한 실험에서 반성유전의 원리를 알아낸 모건은 자신의 관찰 결과를 이론적으로 해석하기 위해서 염색체가 유전물질이라는 것을 인정해야만 한다는 사실을 깨닫습니다.

그러나 여전히 독립유전의 법칙에 대한 모순은 과제로 남습니다. 하지만 곧 모건은 연구를 계속하여 염색체는 생식세포를 만들 때 반으로 뚝 잘라지는 것이 아니라, 여러 개의 작은 조각으로 나뉘었다가 다시 염색체를 형성하는 방식으로 재조합된다는 것을 알아냈지요. 즉, 유전자는 처음부터 한 줄이었던 가죽 목걸이가 아니라 다양한 모양과 색깔의 구슬을 꿰어 만든 구슬 목걸이였던 것입니다. 가죽 목걸이는 전체가 통째로 이어져 있어서 모양이 변하지 않지만, 구슬 목걸이는 구슬을 바꿔 끼울 수 있습니다. 100명의 학생들에게 똑같은 모양의 구슬 목걸이를 각각 두 개씩 나눠 준 뒤,

★ 세계를 혼란으로 몰아넣은 반성유전

혈우병(hemophilia)은 탈무드에도 언급되는 오래된 유전질환으로, 1803년 미국의 의사 오토(John Conrad Otto, 1774~1844)에 의해 유전질환으로 알려졌습니다. 인체에는 모두 13개의 혈액 응고 인자가 존재하는데, 이 중 하나라도 부족하면 그 정도는 다르지만 피가 잘 멎지 않는 혈우병 증상이 나타나게 됩니다. 혈우병 환자들은 손끝을 베이거나 이를 닦다가 잇몸에 생기는 작은 상처에도 피가 멎지 않아 심각한 위험에 처할 수 있기 때문에 매우 조심해야 합니다. 혈우병은 X염색체와 연관이 있어 반성유전되는데, 혈우병 유전가계 중 가장 유명한 것이 영국의 빅토리아 여왕의 가계입니다.

유럽 왕실에 혈우병을 퍼트린 빅토리아 여왕과 그 후손들. 여왕의 딸인 베아트리체와 앨리스가 보인자였고, 그 딸들인 이렌느와 알렉산드라도 보인자였죠. 여왕의 아들 1명과 손자 3명, 증손자까지 혈우병 증세를 보였고, 보인자 공주들이 프러시아, 스페인, 러시아, 프랑스 등으로 출가하여 유럽 왕가 전체에 혈우병이 퍼졌답니다.

'위대한 대영제국'의 위용을 자랑했던 빅토리아 여왕은 혈우병 보인자였습니다. 여기서 '보인자'란 반성유전을 하는 유전적 이상에서 한 개의 X염색체에 이상 유전자를 가지고 있어, 본인에게는 증상이 없으나 자손들에게 유전적 이상을 물려줄 수 있는 여성을 말합니다. 빅토리아 여왕은 혈우병 보인자였기 때문에 겉으로는 이상이 나타나지 않았으나 딸과 손녀들 중 몇 명이 혈우병 보인자였고, 아들과 손자들 중 몇몇은 이미 혈우병으로 일찍 세상을 떠났습니다. 당시 유럽은 각 국가의 왕실끼리 결혼하는 풍습이 있었기 때문에 빅토리아 여왕의 딸들과 결혼한 왕가에서는 왕자들이 혈우병으로 어린 나이에 사망하는 일이 종종 있어서 흔치 않은 혈우병이라는 유전질환이 세상에 널리 알려지게 되었던 것이죠.

빅토리아 여왕의 혈우병 인자는 여왕의 아들인 레오폴드 왕자와 손자 3명, 증손자까지 숨지게 만들었는데, 그 중에서 가장 유명한 사례는 러시아로 시집간 손녀딸 알렉산드라 공주에게서 태어난 알렉세이 왕자입니다. 늦둥이 외동아들로 태어난 알렉세이 왕자는 어머니의 사랑을 독차지했는데 생후 6주 만에 혈우병 증상이 나타나 왕실을 걱정에 휩싸이게 합니다. 이때 등장한 사람이 요승으로 불렸던 라스푸틴입니다. 라스푸틴은 일종의 최면술로 알렉세이 왕자의 혈우병 증상을 호전시켜 왕가의 신임을 얻었고, 이로 인해 얻은 권력을 남용하여 러시아 혁명을 촉발시킨 하나의 원인이 되었다고 전해집니다.

여기서 구슬을 빼내어 다시 두 개의 줄에 마음대로 꿰어 보라고 한다면 100가지의 다른 목걸이를 만들어 내겠지요. 그 목걸이에 꿰어 있던 구슬의 종류는 변함없지만 전혀 다른 목걸이가 만들어질 것입니다. 염색체가 재조합된다는 사실은 모건이 처음에 생각했던 '염색체는 막대기 모양이기 때문에 다양한 형질 유전이 불가능하다'라는 의혹을 없애 주었습니다.

처음에는 염색체에 대한 불신으로 초파리 실험을 시작했던 모건은 연구를 통해 오히려 염색체가 유전물질이라는 확실한 결론을 내리게 됩니다. 그리고 그는 유전자들이 염색체 위에 여기저기 퍼져 있다는 유전자 지도에 대한 기본적인 개념을 제시하게 되지요. 모건은 이 공로로 1933년 노벨 생리의학상을 수상합니다. 모건의 실험은 염색체가 유전에 관여하는 중요한 물질이라는 생각이 세상에 널리 알려지게 하는 역할을 했습니다.

그리고 1927년에 미국의 생물학자 멀러(Hermann Joseph Muller, 1890~1967)는 초파리를 이용한 실험을 통해 초파리 염색체에 X선을 쪼이면 돌연변이가 발생한다는 사실을 알아냅니다. X선과 같은 이온화 방사선들은 투과력이 좋아 세포 깊숙이 침투하며 직접 DNA에 손상을 입히기도 하지만, 더 큰 문제는 세포 내에 존재하는 물을 이온화시켜서 활성산소로 잘 알려져 있는 유리기(free radical)를 생성한다는 데 있습니다. 유리기는 매우 불안정해서 다른 물질들과 결합하여 안정되려는 속성이 있어서 이 과정에서 다른 물질을 산화시키게 되지요. X선에 의해 세포 내에서 발생된 유리기는 DNA의 결합들을 끊어 버리고 대신 결합하여 염색체가 손상을 입게 됩니다. 멀러의 실험은 X선에 의한 염색체 손상이 돌연변이로 나타나게 되고, 이 돌연변이가 다시 유전된다는 것을 밝혀 염색체가 유전물질이라는 확실한 증거를 보탠 것이지요. 아울러 인공적인 돌연변이의 발생 가능성을 통해 유전 연구의 새로운 분야를 개척하기도 했습니다.

유전자 속에 숨은 질병

염색체 이상이 낳은 첫 번째 질병, 다운증후군

모건과 멀러의 실험으로 인해 염색체가 유전에 관여하는 중요한 물질이라는 생각이 점차 확실해지기 시작합니다. 또한 초파리를 통한 실험 중에 염색체에 이상이 생기면 돌연변이가 생기는 것이 관찰되면서 염색체와 유전형질 간의 줄 긋기가 시작됩니다. 인간도 염색체를 가지고 있다는 것이 알려지자 염색체의 이상과 선천적 이상 간에 어떠한 연관성이 있을 것이라는 의심을 하게 된 거죠. 세포학적으로 관찰되는 염색체 이상과 겉으로 드러나는 선천적 이상을 연결시킨 대표적인 사례가 바로 '다운증후군'입니다.

다운증후군은 아주 오래전부터 나타나던 증상입니다. 하지만 이 증상들을 하나의 범주로 묶은 것은 영국의 의사 존 랭던 다운(John Langdon Haydon Down, 1828~1896)입니다. 환자들을 진료하던 다운은 자신의 환자들 중에서 생김새가 서로 닮은 아이들을 발견하게 됩니다. 이들은 혈연관계가 전혀 없는 아이들이었지만 이상하게도 마치 친형제자매처럼 모습이 닮아 있었지요. 이 아이들은 모두 머리가 작고 뒤통수가 납작하며 콧대가 낮아 다소 평평한 얼굴을 가지고 있었습니다. 미간이 넓으며 혀가 두껍고 커서 입을 잘 다물지 못했고, 대개의 경우 또래의 아이들보다 낮은 지능지수를 보였어요. 이 아이들은 겉으로 드러나는 특징 외에도 선천성 심장병이나 면역력 저하 증상을 가지고 있어서 태어난 아이 중에 절반

다운증후군을 처음으로 분류한 의사 존 랭던 다운.

정도는 유아기를 넘기지 못하고 사망했습니다.

이 아이들이 가지고 있는 특성에 관심이 생긴 다운은 이를 상세히 조사하고 이것이 일종의 질병이라고 결론을 내립니다. 조사 결과를 정리해서 1866년 '백치의 민족적 분류에 관한 관찰(Observations on the Ethnic Classification of Idiots)' 이라는 제목의 논문을 발표합니다. 그런데 다운은 논문에서 이 증상을 '몽고인 백치(Mongolian idiocy)' 라는 다소 부정적인 이름으로 부릅니다. 백인 우월주의에 물들어 있던 다운은 이 증상이 백인의 우월한 혈통에 문제가 생겨서 황인종으로 '퇴화' 했기 때문이라는 생각을 했던 것이죠. 현재 우리는 이 질환을 이처럼 인종차별적이고 모욕적인 단어 대신 발견자의 이름을 따서 '다운증후군(Down's syndrome)' 이라고 부른답니다. 이미 이 세상 사람은 아니지만 다운이 만약 자신이 차별적인 시선으로 바라보았던 이 질환에 지금 자신의 이름이 붙어서 불리고 있다는 것을 알게 된다면 어떤 표정을 지을지 궁금해지네요.

비록 다운이 최초로 다운증후군을 분류했지만, 당시의 의학기술로는 다운증후군이 왜 나타나는지 그 원인은 밝힐 수 없었습니다. 다운증후군의 원인이 밝혀진 것은 그로부터 100년 가까이나 지난 1959년으로, 프랑스의 유전학자였던 르준(Jérôme Jean Louis Marie Lejeune, 1926~1994)에 의해서였습니다. 르준은 두 개씩 존재하는 것이 정상인 인간의 21번 염색체가 세 개인 경우 이런 현상이 나타

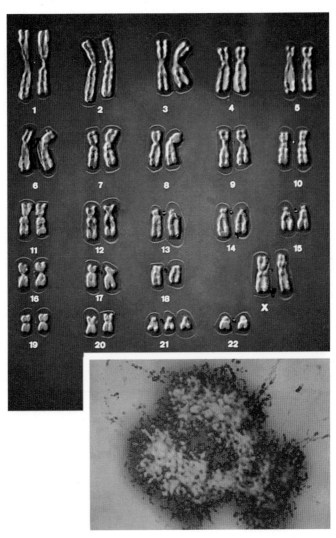

다운증후군 환자의 염색체 사진. 21번 염색체가 3개입니다.

난다는 것을 밝혀냈습니다. 원래 난자나 정자 등 생식세포는 난모세포나 정원세포가 감수분열을 해서 정상세포의 절반, 즉 23개의 염색체를 갖도록 만들어집니다. 그러나 이 과정에서 21번 염색체가 골고루 나누어지지 않고 한쪽으로만 끌려가 24개의 염색체를 가진 난자나 정자가 만들어지는 경우가 있습니다. 그리고 이 24개 염색체의 생식세포가 다른 생식세포와 결합하면 다운증후군 아이가 태어나게 되지요. 염색체의 이상으로 일종의 돌연변이가 생겨나는 것입니다.

★ 다운증후군과 산전검사

다운증후군은 정상적으로는 두 개여야 하는 21번 염색체가 세 개나 존재하여 발생되는 삼염색체성 질환의 하나로, 신생아 중 1/800의 발생률을 보이며 염색체의 수적 이상으로 인한 기형 중 가장 흔하게 보고되는 질환입니다. 다운증후군 태아의 경우, 다른 삼염색체성 질환에 비해 신생아 생존율이 높게 보고되는 편입니다. — 예를 들어 18번 염색체가 세 개일 경우 나타나는 에드워드증후군은 거의 대부분이 사산되며, 설령 태어나더라도 평균 생존 기간이 5일을 넘지 못할 정도로 증세가 심각합니다. — 또한 전체의 1/3가량이 심내막결손 등의 심장 기형 등을 동반하기 때문에, 신생아의 생존을 위해서는 조기 진단과 적절한 대비가 매우 중요합니다.

생식세포의 돌연변이로 인해 일어나는 다운증후군은 놀랍게도 산모의 연령과 깊은 관계가 있습니다. 즉, 산모의 연령이 높아질수록 발생률이 기하급수적으로 증가하는 현상을 보이는 것이죠. 이는 아무래도 나이가 들어갈수록 생식세포 형성 시에 비정상 세포가 만들어질 확률이 늘어나기 때문이라고 생각됩니다. 따라서 결혼과 출산 연령이 점점 늦어지고 있는 현재 상황에서 다운증후군 발병의 위험률이 점차 증가하고 있다고 볼 수 있습니다. 그리고 이것은 단순한 우려가 아닙니다. 실제로 1,000건의 분만 중에서 다운증후군 발생율률 변화를 보면, 1990년에는 0.5건이었으나 매년 0.18건씩 증가해 1999년에는 2.3건으로 보고된 바 있습니다.

현재 다운증후군 태아를 가려내기 위해 임산부에게 실시하는 태아 검사는 두가지가 있습니다. 첫 번째가 '트리플 마커(Triple marker)'로 임산부의 혈액을 채취해 세 가지(triple) 종류의 표지(marker)를 확인해 보는 것입니다. 이 세 가지는 알파태아단백(alpha-fetoprotein), 비포합성 에스트리올(unconjugated estriol), 융모성 성선자극호르몬(human chorionic gonadotropin)입니다. 이들의 혈중농도가 높으면 태아가 다운증후군, 신경관 결손증(일명 무뇌아), 에드워드증후군 등의 이상이 있는 경우가 많거든요.

이 방법은 임산부의 혈액만 채취하면 되는 매우 간단하고 편리한 검사법이지만 정확도가 낮은 것이 흠이라고 할 수 있습니다. 이 검사의 정확도는 60~70% 정도입니다. 최근에는 쿼드 검사라고 하여 위의 세 가지 물질 외에 인히빈(inhibin)이라는 물질의 양을 재는 검사도 나왔는데 이 검사의 정확도는 80% 정도입니다. 따라서 트리플 검사에서 이상이 있다고 나타난 태아 중 실제로 다운증후군을 가진 경우는 5~10% 정도에 불과하기 때문에 트리플 검사에서 이상이 나타났다고 하여 섣부른 판단을 하는 것은 위험합니다.

다만, 트리플 검사에서 이상이 나타난 경우 좀더 확실하게 하기 위해 양수검사를 권하곤 합니다. 태아는 자궁 속에서 양수에 둘러싸여 있기 때문에 양수 속에는 태아의 몸에서 떨어져 나온 세포들이 존재합니다. 양수검사는 태아가 들어 있는 양수를 뽑아내어 그 속에 든 태아의 세포를 배양해 염색체를 관찰해서 좀 더 정확하게 질환을 테스트하는 검사입니다. 이 방법은 여러 가지 유전질환을 판별할 수 있지만, 약 0.5% 정도 유산 가능성이 있습니다. 그래서 검사를 하는 것이 이후 일어날 다른 일들에 대해 유리하다고 판단될 때만 하는 것이 좋습니다.

　르준의 발견은 세포유전학이 본격적으로 세상에 알려졌다는 것에 큰 의미를 가지고 있습니다. 그러나 문제는 이 질환의 '원인'만을 밝혀졌을 뿐이지 그에 대한 적절한 '치료법'을 발견한 것이 아니라는 데 있습니다. 우리가 지금 알 수 있는 것은 양수검사를 통해 태어날 아기가 다운증후군을 지녔는지 아닌지에 대한 여부일 뿐이죠. 현재 염색체 또는 유전자 이상으로 발생되는 증상들을 치료할 수 있는 근본적인 방법은 없습니다. 제한적으로 유전자 치료가 실시되고 있기는 하지만 아직까지는 시험 삼아 실시하는 수준에 불과할 뿐 보편적인 방법이라고 할 수는 없습니다. 따라서 유전적 질환의 경우 원인 자체가 아니라 그 증상을 치료하는 방법을 사용하고 있는데, 그 종류에 따라 효과적인 경우도 있고 아닌 경우도 있습니다. 따라서 아직까지도 모든 유전적 질환을 검사하는 것이 과연 옳은 일인가라는 문제에 대한 논란이 끊이지 않고 있지요. 이러한 논란에 관해서는 유전자 치료를 다루는 다음 장에서 다시 이야기하도록 하겠습니다.

르준의 연구는 염색체 이상이 겉으로 드러나는 개체적 이상과 연관성을 가지고 있다는 것을 분명하게 보여 주었습니다. 인간의 염색체는 46개, 그중에서 성염색체는 남자가 XY이고 여자가 XX라는 것은 이제 세상의 모든 사람들이 알고 있는 진실입니다. 이 염색체의 숫자나 모양에 이상이 있을 때 각종 유전질환이 나타나는 것입니다. 21번 염색체가 세 개면 다운증후군이, 13번이 세 개면 파타우증후군이, 18번이 세 개면 에드워드증후군이 발생합니다. 성염색체가 X 하나뿐이면 터너증후군, XXY면 클라인펠터증후군이 생기지요. 염색체는 숫자의 이상뿐만 아니라 모양만 조금 바뀌어도 치명적인 이상을 일으킬 수 있습니다. 5번 염색체의 일부가 떨어져 나가면 묘성증후군[cri-du-chat syndrome. 정신박약, 얼굴기형, 지문·손금·족문(足紋)의 이상, 심장기형, 발육부진 및 고양이 울음소리와 같은 고음의 울부짖는 소리가 특징]이, 15번 염색체가 잘못되면 프래더윌리증후군 또는 엔젤맨증후군을 일으킬 수 있지요. 이런 유전적 질병의 염색체 이상은 비록 근본적인 치료는 힘들지만, 원인을 일찍 발견할수록 적절한 치료법을 찾아내는 것이 더 수월하다는 것은 다른 질환과 다를 바 없습니다.

[표] 염색체 이상으로 나타나는 다양한 유전학적 질환들

구분	명칭	빈도	유전학적 원인	임상증상
상염색체 수적 이상	다운증후군	1/700 ~800	21번 염색체 3개	· 머리가 작고 납작한 얼굴 · 낮은 콧대, 넓은 미간, 큰 혀 · 심장질환(50%) 및 면역력 저하, 시력 및 청력 저하 · 정신지체 및 발달 지연

	파타우
	증후군
		1/20,000	13번
			염색체 3개
				· 소두증(小頭症), 구순구개열(口脣口蓋裂), 다지
				  증(多指症)
				· 심장 및 신장 기형, 심한 정신지체
				· 사산 또는 80%가 생후 1개월 내 사망,
				  6개월 생존율 3%인 치명적 질환

	에드워드 증후군	1/6,000	18번 염색체 3개	· 작은 머리, 손가락 겹침, 오목발바닥 · 심장 및 신장 기형, 심한 정신지체 · 사산 또는 90% 이상이 6개월 이내 사 망, 1세 생존율 1%인 치명적인 질환

성염색체
수적 이상
	터너
	증후군
		여아
		1/2,500~
		3,500
			단일성
			염색체
			(X염색체 하
			나)
				· 여아에게서 나타남
				· 작은 키, 난소 미발달로 인한 성적 발달
				  장애 및 난임(難姙)
				· 림프 부종, 삼각형 얼굴, 두껍고 짧은 목,
				  손톱 발육 부전
				· 중이염, 심장질환, 신장 기형 가능성 높음

	클라인펠터 증후군	남아 1/1,000	성염색체 3개(XXY)	· 남아에게서 나타남 · 큰 키와 마른 몸 · 고환 발달 저하, 무정자증으로 인한 난임 · 성적 발달 미숙, 약 25%에서 정신지체
	트리플 엑스증후군	1/1,200	성염색체 3개(XXX)	· 여아에게서 나타남 · 평균 이상의 키, 몸에 비해 긴 하체 · 별다른 신체적 · 정신적 지연 없음
	제이콥스 증후군	1/1,000	성염색체 3개(XYY)	· 남아에게서 나타남 · 큰 키와 빠른 성장 · 별다른 신체적 · 정신적 지연 없음

염색체 결실 질환	묘성증후군	1/30,000 ~50,000	5번 염색체 일부 결손	· 고양이와 비슷한 높고 새된 울음소리 · 안면 기형, 심장 기형, 발달 지연 · 심한 정신지체
	엔젤만 증후군	1/10,000 ~15,000	어머니로부터 유래한 15번 염색체 일부 결손	· 작은 머리와 크고 벌어진 입 · 인형 같은 걸음걸이와 항상 웃는 얼굴 · 간질, 정신지체 및 발달 지연
	프래더 윌리증후군	1/10,000 ~15,000	아버지로부터 유래한 15번 염색체 일부 결손	· 근긴장(筋緊張) 저하, 저신장 · 탐식으로 인한 비만, 강박증, 공격성 및 감정 조절 미숙 · 지능 저하 및 학습 장애
	윌리엄스 증후군	1/20,000	7번 염색체 일부 결손	· 작은 코와 긴 인중, 큰 입과 두꺼운 입술 · 심장과 혈관의 기형, 신장 이상, 근골격계(筋骨格係) 이상 · 지능 저하, 지나치게 사교적인 성격
	스미스 마제니스 증후군	1/25,000	17번 염색체 일부 결손	· 단두증(短頭症), 튀어나온 이마, 저신장, 짧은 손가락 · 영아기 근무력증, 성장발육 부진 · 정신지체, 수면 장애, 자해 현상

성급한 결론이 가지고 오는 위험성

　문제는 항상 조금씩 '지나칠' 때 일어납니다. 여러 가지 유전질환의 원인이 염색체 이상에 있다는 생각이 팽배해지자 반대로 염색체에 이상이 있으면 질환이 생겨날 것이라고 확대 해석하는 사람들도 생겨납니다. 그렇게 해서 밝혀진 새로운 증상이 바로 1965년 영국의 정신과 의사인 제이콥스(Patricia Jacobs)의 보고입니다. 제이콥스는 교도소에 수감되어 있는 정신이상자와 범죄인들의 염색체를 분석한 결과 그들 중에 특이하게도 XYY의 성염색체를 가진 자들이 많다는 것을 발견하였다고 합니다.

알다시피 Y염색체는 남성성을 결정하는 염색체입니다. 사람의 성별은 이 Y염색체의 유무에 따라서 결정되지요. 여성은 XX, 남성은 XY인 것은 당연합니다. 그런데 성염색체가 X 하나만 있는 터너증후군은 여성이고, X염색체가 두 개 있더라도 Y염색체가 하나만 있으면(클라인펠터증후군) 분명 남성으로 태어납니다. 따라서 Y염색체는 흔히 말하는 남성적인 특징들과 연관이 있을 것이라고 사람들은 생각했습니다. 여기서 말하는 '남성적 특징'의 의미는 근육이 발달되어 있고 털이 많으며 수염이 나는 등의 신체적 특성과 함께 공격성과 폭력성 같은 정신적 특징도 포함되어 있었습니다. 그래서 제이콥스는 Y염색체가 많은 사람들은 남성적 속성이 두 배로 강하고 그에 따라 공격적이고 폭력적인 성향도 높을 것으로 짐작하기에 이르지요. 그래서 이름 붙인 것이 이른바 '제이콥스 증후군(Jacobs Syndrome)'입니다. 제이콥스는 성염색체가 XYY인 남성들이 교도소에서 많이 발견된다는 것을 근거로 삼아서 이 증후군은 매우 공격적이고 폭력적이면서 자신의 행동을 통제할 만한 능력이 부족하다고 결론을 내립니다. 그래서 이들은 쉽게 범죄를 저지르게 되고 그렇기 때문에 감옥 수감자 중에서 더욱 많이 발견된다는 논리였죠.

그러나 그의 주장은 불과 4년 뒤인 1969년에 열린 캠브리지 심

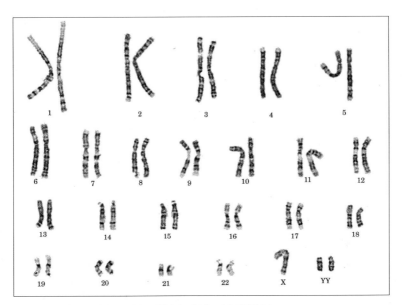

제이콥스증후군을 가진 남성의 염색체. Y염색체가 2개 있는 것이 관찰됩니다.

포지엄에서 너무 적은 수의 사람들을 대상으로 한 성급한 결론이었다는 평결로 일단락됩니다. 그러나 그 파장은 매우 커서 지금까지도 사람들은 XYY 염색체를 가진 남성들은 폭력적이고 범죄 성향이 짙다고 믿고 있습니다. 제이콥스증후군은 남성에게서 1/1,000의 빈도로 나타나는 비교적 흔한 유전이상으로, 키가 크고 성장이 조금 빠를 뿐 별다른 이상이 없습니다. 때문에 대부분의 제이콥스증후군 환자들은 자신에게 제이콥스증후군이 있는 줄 모른 채 살아갑니다. 마찬가지로 여성에게도 트리플엑스(XXX)증후군이 존재하지만, 이들 역시 염색체 검사를 하기 전에는 자신이 그런 염색체를 가지고 있는 줄 모르는 경우가 많다고 합니다.

유전자 검사는 단지 의학적인 목적에 국한되어야 합니다. 태어날 아기가 어떤 유전적 질환을 가지고 있는지 미리 검사를 하면 아이가 태어났을 때 정확한 치료법으로 보다 정상적인 삶을 살 수 있도록 도와줄 수 있으니까요. 예를 들어 페닐케톤뇨증(phenylketonuria, PKU)은 아미노산의 일종인 페닐알라닌을 소화할 수 없어서 이것이 중추신경계 발달에 악영향을 미치는 유전질환입니다. 1934년 펠링에 의해 알려져서 펠링병(Fölling's disease)이라고 불리기도 하는 페닐케톤뇨증은 태어날 때는 정상인과 같지만 이후에 섭취한 페닐알라닌을 소화시키지 못해 이것이 중추신경계에 쌓이면서 신경계를 파괴합니다. 따라서 적절한 치료를 받지 않으면, 대부분의 아이들이 IQ 50을 넘지 못하는 정신박약으로 성장하게 되지요.

이 병의 치료법은 페닐알라닌의 공급을 무조건 제한하는 것입니다. 페닐알라닌은 주로 단백질 식품에 들어 있기 때문에 우리가 먹는 단백질 식품(고기, 우유, 계란, 모유 등뿐만 아니라 인공감미료로 쓰이는 아스파탐도 체내에서 페닐알라닌으로 대사되므로 먹어서는 안 됩니다) 대신에 페닐알라닌이 들어 있지 않거나 소량 들어 있는 특수조제 분유를 통해 단백질을 공급받으면 다른 아이들처럼 성장할 수 있습니다. 생후 1개월 이내에 PKU를 진단받고 페닐알라닌 제한 식이를 한 아이들의 경우에는 신체적 이상이 거의 나타나지 않습니다. 이처럼 선천적인 효소 부족으로 인해 특정 성분을 대사하지 못해 이상이 생기는 질환을 '선천성 대사이상질환'이라고 하는데 단풍

페닐알라닌을 제거한 특수분유. 페닐케톤뇨증을 가지고 태어난 아이들은 이 특수분유를 통해 뇌손상을 방지하면서 단백질을 섭취할 수 있습니다.

당뇨증, 윌슨병, 고셔병 등이 이에 속하는 질환입니다.

이런 질환들의 경우 조기에 질환들을 발견해서 적절한 치료를 하면 장애가 남지 않거나 경미하게 남아 비교적 정상적인 생활을 유지할 수 있습니다. 따라서 질환의 조기 발견이 매우 중요하지요. 미국의 경우, 신생아들을 대상으로 PKU 검사가 실시되기 전에는 PKU 아이들의 80% 이상이 IQ 30 이하의 심각한 정신지체 현상을 보였습니다. 그러나 신생아들을 대상으로 한 PKU 검사를 의무화한 이후 거의 대부분의 PKU 아이들이 정상 지능을 가지게 되었다는 사실이 확인되었습니다. 이런 경우는 유전자 검사가 매우 커다란 도움이 됩니다. 현재 우리나라에서도 생후 3~7일의 신생아들을 대상으로 수십 가지의 선천성 대사이상을 진단하는 검사가 도입되어 있습니다. 다만 한 가지 아쉬운 점은 검사가 의무가 아니라 선택사항이기 때문에 부모가 검사 유무를 선택해야 하고, 그 비용도 비싸다는 데 있습니다. 물론 국가에서도 선천성 대사이상 검

[표] 다양한 선천성 대사이상 질환들

이름	원인	빈도	증상	치료
페닐케톤뇨증	아미노산의 일종인 페닐알라닌 대사 이상	백인은 1/14,000, 한국인은 1/70,000 ~80,000	· 땀과 소변에서 쥐오줌 냄새가 남 · 구토, 습진, 피부색과 모발색이 매우 옅어짐 · 치료하지 않으면 심한 정신지체 나타남	· 페닐알라닌 섭취 제한
단풍당뇨증	아미노산의 일종인 류신, 이로류신, 발린의 대사 이상	1/225,000	· 소변에서 단풍설탕처럼 단내가 남 · 수유 곤란, 구토, 호흡 장애와 발육 장애 · 심하면 경련, 혼수, 사망에 이를 수 있음	· 류신, 이소류신, 발린 섭취 제한 · 다량의 비타민B1 섭취
갈락토오스혈증	젖과 유제품에 포함된 유당(갈락토오스) 대사 이상	1/50,000~60,000	· 황달, 구토, 경련, 동공의 흰색 반점 · 저혈당, 간경변, 백내장과 실명 및 정신지체	· 유당 섭취 제한
갑상선기능저하증	갑상선호르몬 부족	1/4,000	· 출생 후 잘 먹지 않고 울지 않음, 체중 증가 더딤 · 황달, 뇌손상 및 지능 저하	· 합성갑상선호르몬 보충
선천성부신과형성증	부신호르몬인 코티졸 합성 효소 결핍	1/14,000	· 남녀구분이 애매한 성기로 성이 바뀌어 양육되는 경우도 있음 · 쇼크, 탈수, 염분 소실 · 사춘기가 되기 전에 나타나는 남성화 현상	· 전해질 균형 · 코티졸 대체제(하이드로코티존) 섭취
호모시스틴뇨증	메치오닌 대사 이상	1/200,000~300,000	· 지능장애, 경련, 보행장애 · 시력장애, 백내장, 골다공증, 숱이 적고 가는 모발	· 메치오닌 섭취 제한 · 비타민 B6 보충
고셔병	지방의 일종인 글루코세레브로사이드 축적	1/40,000~200,000 (유태인은 1/350~500)	· 분해되지 않은 지방이 쌓인 고셔세포 생성 · 비장과 간의 비대, 골수 이상, 골 이상	· 비장 적출술 · 효소(세레자임) 투여

윌슨병	구리 대사 이상	1/30,000~ 100,000	·간의 이상으로 인한 간염, 황달, 토혈, 복통 등 ·소뇌 이상으로 인한 신경학적 문제 발생 ·구리 중독으로 인한 정신적 이상	·구리 섭취 제한 ·구리 흡수 억제제 및 구리 배설촉진제 사용 ·간 이식

사의 유용성을 인식하고 가장 많이 발생하는 여섯 가지 선천성 대사이상질환(PKU, 단풍당뇨증, 갈락토오스혈증, 갑상선기능저하증, 선천성부신과형성증, 호모시스틴뇨증)에 대해 보건소에서 무료로 검사를 시행하고 있습니다. 또한 이상이 발견되는 경우 특수조제분유와 치료비를 지원하는 제도를 운영하고 있기는 합니다. 하지만 지원하는 질병의 수가 극히 제한적이어서 희귀성 선천성 대사이상질환을 가지고 태어나는 아이들은 그 혜택을 받지 못하는 것이 문제로 남아 있습니다. 선천성 대사이상질환은 조기에 발견해서 적절한 치료만 받으면 후유증이 거의 남지 않을 수 있기 때문에 좀 더 적극적인 국가의 지원이 필요하다는 생각이 듭니다.

치료법을 찾을 수 없는 유전질환과 끊임없는 연구

이처럼 어떤 유전질환의 경우에는 유전자 검사가 도움이 되기도 합니다. 그러나 문제는 유전자적 이상이 발견되어도 치료법이 없는 질환들의 경우입니다. 유전학자인 미국 컬럼비아대 낸시 웩슬러(Nancy Wexler) 교수는 그간 베일에 싸인 채 숨어 있던 헌팅턴병을 세상에 적극적으로 알린 인물입니다.

1872년 미국의 의사인 조지 헌팅턴(George Huntington)에 의해 보고된 이 질환은 4번 염색체의 이상으로 발병합니다. 정상적인 사람의 경우 4번 염색체의 일부에는 CAG라는 세 개의 염기서열이 28회 이하로 반복되는데, 헌팅턴병 환자의 경우 CAG 염기가 39번 이상 반복된다는 것을 알아낸 것이죠. 헌팅턴병은 보통 30~45세 사이의 성인에게서 나타납니다. 팔다리가 춤을 추는 것처럼 마구 떨린다고 하여 '춤 무(舞)' 자를 써서 일명 무도병(舞蹈病)이라고도 불립니다. 헌팅턴병의 경우 유전질환으로는 흔치 않게 상염색체 우성으로 유전되기에 헌팅턴병 유전자를 가진 환자는 모두 발병하며, 자식들에게 1/2의 확률로 유전시킵니다. 헌팅턴병은 이에 대한 효과적인 치료법이 거의 없는 치명적인 유전질환입니다.

웩슬러 교수는 대규모 연구팀을 조직하여 10만 명에 가까운 사람들의 유전자 지도를 분석한 결과, 헌팅턴병이 4번 염색체의 이상으로 인해 나타난다는 사실을 알아냈습니다. 그리고 1993년에는 헌팅턴병에 걸릴 가능성을 테스트하는 유전자 검사법도 만들어 냈습니다.

사실 헌팅턴병은 치명적이긴 하지만 발병하는 경우가 매우 드문 유전질환입니다. 그럼에도 웩슬러 교수가 이토록 적극적으로 이

베네수엘라에서 대규모 헌팅턴병 연구 프로젝트를 지휘했던 유전학자 낸시 웩슬러 교수.

연구에 뛰어든 것은 그의 가족사에 헌팅턴병이 무서운 그림자를 드리우고 있었기 때문이었습니다. 웩슬러 교수는 어머니와 외삼촌을 헌팅턴병으로 잃었습니다. 상염색체 우성질환이 50%의 확률로 유전된다는 것은 굳이 유전학자가 아니더라도 알 수 있는 사실입니다. 웩슬러 교수 역시 헌팅턴병에 걸릴 확률은 50%로 언젠가는 자신도 이 무서운 질병에 걸리게 될 것이라는 두려움에 시달려야 했습니다. 그랬기에 그녀는 더욱더 헌팅턴병 연구에 몰입한 것입니다.

결국 그녀는 헌팅턴병의 원인과 검사법을 밝혀냈지만 문제는 여기서 끝난 것이 아니었습니다. 헌팅턴병을 치료할 수 있는 방법은 아직까지 밝혀내지 못했으니까요. 치료법이 없는 검사만큼 잔인한 것도 없습니다. 만약 검사 결과가 음성이라면 앞으로 헌팅턴병에 걸릴 가능성이 없다는 것에 안도하고 편안히 살 수 있겠지만, 양성으로 나올 확률도 절반입니다. 양성이라면 언젠가 틀림없이 헌팅턴병은 발병할 테고, 그 사람은 하루하루를 불안에 떨면서 살아가야겠지요. 이런 경우는 오히려 모르는 것보다 못한 결과를 가져올수도 있습니다.

그나마 헌팅턴병은 어른이 되어 발병하니 본인 스스로 검사를 선택할 권리라도 있습니다. 그러나 다운증후군 같은 질환은 문제가 더욱 심각합니다. 산전검사를 통해 태아가 다운증후군이라는 진단을 받은 산모의 90% 이상은 낙태를 선택합니다. 다운증후군은 산모의 나이가 35세가 넘어갔을 때 급증하는 것으로 알려져 있습니다. 그런데 과거에 비해 고령임신이 증가한 현대사회에서 오히려 다운증후군 아이가 태어나는 비율이 낮은 것은 대부분의 태아들이 진단을 받은 이후 생명을 잃게 되기 때문입니다.

하지만 이 선택을 무조건 비난해서는 안 됩니다. 몸이 아픈 자식을 키우는 것이 부모로서 얼마나 피가 마르는 일인지를 겪어 보지 못한 사람은 알지 못합니다. 저 역시도 아이가 선천적 이상을 가지고 태어나 마음을 졸여 본 경험을 가지고 있습니다. 다행히 검사를 해 보니 아주 경미한 질환이어서 약간의 치료로 완치되었지만 당시의 저의 마음은 무척이나 심란했습니다. 치료가 가능한 질환이었고 치료 기간도 그리 길지 않다는 것을 이미 알고 있었지만, 그래도 치료 과정에서 힘들어 우는 아기를 바라보기만 하는 저는 가슴으로 더 많이 울어야 했으니까요. 제 마음도 이러한데 치료법이 없어서 평생을 장애라는 짐을 짊어지고 살아가야 할 아기를 낳아야 하는 부모의 마음이 얼마나 아프고 힘들지 감히 상상조차 되지 않습니다. 그러니 우리에게는 심각한 장애를 가진 아이들을 낙태하는 부모들을 비난할 이유도 권리도 없습니다. 그러나 문제는 이런 유전자 검사 결과가 사회적으로 확산되었을 때입니다.

이와 같은 경우를 단적으로 보여 주는 영화가 있습니다. 1993년 개봉된 〈가타카〉는 유전적 계급이 구별된 미래 사회를 다루고 있습니다. 신생아는 태어나자마자, 혹은 태어나기도 전에 이미 유전자 선별 검사를 마칩니다. 타고난 성향과 능력, 건강 정도, 질병에 걸릴 위험도 등을 테스트 받은 후 유전적 계급에 따라 사회 계급이 결정됩니다. 주인공 빈센트는 우주비행사가 되기를 원하지만 신생아 때 받은 유전자 검사에서 심장병의 위험성과 폭력 성향의 유전자가 진단된 덕에 우주비행사들이 훈련받는 기지의 안팎을 청소하는 허드렛일만 할 수 있었습니다.

〈가타카〉 속 유전자 계급사회는 결코 머나먼 미래의 이야기가 아닙니다. 제가 대학원을 졸업하던 즈음 같은 시기에 졸업하게 된 선배가 있었습니다. 다들 입사할 회사가 정해져 있어서 가벼운 마음으로 졸업을 기다리고 있는 상태였죠. 그러던 어느 날, 돌연 그 선배의 입사가 취소되었다는 소식을 전해 들었습니다. 신체검사에

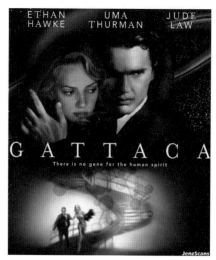

유전자 계급사회를 그린 영화 〈가타카〉.

서 떨어졌다면서요. 평소 건강 하나는 자신 있어 보이던 선배가 신
체검사에서 떨어지다니, 말도 안 된다는 생각이 들었습니다. 나중
에 들어 보니 그 선배가 떨어진 이유는 바로 B형 간염 보균자였기
때문이었습니다. B형 간염은 바이러스에 의해 일어나는 질병인데,
바이러스가 몸속에 들어왔다고 해서 모두 B형 간염에 걸리는 것은
아닙니다. 선배처럼 B형 간염 바이러스가 체내에서 발견되었지만
아직까지 간염이 발병하지 않은 경우를 B형 간염 보균자라고 합니
다. B형 간염 보균자는 전염 가능성이 낮아 특별히 주의하거나 격
리할 필요는 없지만 B형 간염 보균자라는 이유로 입사를 거부당했
던 것입니다.

지난 2007년, 국가인권위원회는 「고용정책기본법」 제19조[사업

주는 근로자를 모집·채용함에 있어 합리적인 이유 없이 병력(病歷)을 이유로 차별해서는 아니되며 균등한 취업 기회를 보장해야 한다]를 근거로 삼아 B형 간염 보균자를 차별하는 행위를 시정하라고 권고한 바 있지만 여전히 간염 보균자에게 입사의 벽은 높기만 합니다. 뿐만 아닙니다. B형 간염 보균자의 경우 건강보험 가입도 여간 까다로운 것이 아닙니다. 보험의 경우, 비단 B형 간염뿐만 아니라 기존의 병력이 있다면 가입하기가 무척 어렵습니다. 지금도 상황이 이러한데 여기에 유전자까지 더해지면 어떻게 될까요? 이제 보험회사는 기존 병력뿐만 아니라 개인의 유전자 정보까지 검토한 뒤에 이미 질병이 걸린 사람들뿐 아니라 앞으로 질병에 걸릴지도 모를 사람들까지 솎아 내려고 할 겁니다. 유전정보가 공개되고 이것이 사회적 차별로 이어지는 세상, 〈가타카〉의 세상은 미래형이 아니라 이미 현재형일지도 모릅니다.

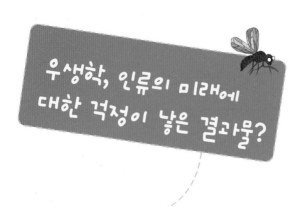

우생학, 인류의 미래에
대한 걱정이 낳은 결과물?

노벨상 정자은행이 일으킨 해프닝, 천재공장 프로젝트

"넌 평범한 아이가 아니야. 저기 저렇게 소파에서 누워서 TV 리
모컨이나 만지작거리는 사람은 네 아빠가 아니란다. 너는 노벨상
수상자의 유전자를 지니고 태어났어!"

만약 어머니에게서 이런 말을 듣는다면 어떤 생각이 들까요? 영
화에나 나올 법한 일이 현실에서 일어났다는 사실을 알게 되면 또
어떤 생각이 들까요?

1980년 로버트 그레이엄(Robert Klark Graham)이라는 미국의
한 백만장자가 정자은행을 설립하였습니다. 남편의 정자에 문제가

있어 아이를 낳지 못하는 불임부부들에게 정자를 제공하는 사업을 시작한 것이지요. 당시 미국에서 정자은행은 새로운 것이 아니었습니다. 최초의 정자은행은 1954년에 설립되었으므로 이 사건은 정자은행의 도움을 받아 태어난 아이들이 이미 부모가 될 나이에 접어들었을 즈음의 일입니다. 때문에 사설 정자은행 하나 더 생기는 것이 특별히 관심을 가질 일은 아니었습니다. 하지만 그레이엄이 지은 정자은행은 세간의 커다란 관심을 끌게 됩니다.

정자은행을 세운 그레이엄은 사실 산부인과 의사나 생식기술 전문가가 아니었습니다. 그는 세계 최초로 가볍고 튼튼하며 안전한 플라스틱 렌즈를 개발해 떼돈을 번 백만장자였죠. 하루아침에 백만장자가 된 그레이엄은 대개 성공한 노인들이 그렇듯이 죽기 전에 무언가 의미 있는 것을 세상에 남기고 싶다는 생각을 하기 시작합니다. 그가 보기에 세상은 온통 모순투성이었습니다. 그의 눈에 비친 세상은 기초 상식 수준의 사고조차도 제대로 하지 못하는 '바보'들이 너무도 많은 곳이었습니다. 그는 인류가 이대로 가다가는 어리석음으로 인해 자멸할지도 모른다는 '범인류적인 걱정'에 휩싸였습니다. 세상이 '열등한 것'들에 대해 너무 관대한 것처럼 보였거든요. 그는 세상이 점점 약자들의 편을 드는 것이 못마땅해지기 시작했습니다.

결국 그레이엄은 복지정책의 발달이나 식량생산의 증대가 인류에게 도움을 준 것이 아니라 오히려 인류를 자멸로 몰아가고 있다는 생각을 하게 됩니다. 그는 이런 복지정책의 발달이 자연 상태라면 도태되어야 당연한 '열등한 유전자'를 존속시켜 오히려 인류의 '질'을 떨어뜨린다고 생각했던 것이죠. 여기까지의 생각만으로도 기가 찰 노릇인데 그는 더 나아가 고귀한 인간 정신과는 거리가 먼 사람들일수록 오히려 짐승처럼 번식력 하나만은 탁월해 세상을 온통 바보들로 들끓게 하는 악순환이 반복되고 있다고 생각했어요. 이 악순환의 고리를 끊기 위해서는 지성적이고 고귀한 인간들이 세상에 많이 퍼져야 할 텐데 오히려 엘리트들의 출산율은 떨어지고 있었지요.

그레이엄은 심히 걱정이 되었습니다. 세상에 아무리 열등한 인간이 많다고 하더라도 과거 히틀러처럼 인종청소를 할 수도 없는 노릇이니까요. 초조함에 조바심이 난 그레이엄은 드디어 해결책을 내놓습니다. 바로 '노벨상 정자은행'이 그것입니다. 열등한 종족을 없앨 수 있는 방법이 없다면 우수한 형질의 유전자를 널리 퍼뜨리는 것이 좋은 해결책이 될 것이라고 그레이엄은 믿었던 것이죠. 이미 인간의 유전정보는 세포 속 깊숙이 저장된 염색체에 들어 있다는 사실이 밝혀졌고, 부모의 DNA가 정자와 난자에 섞여서 아이에게 전달된다는 것도 상식이 된 시대였습니다. 그레이엄은 천재가 낳은 아이들은 천재가 될 것이라고 굳게 믿었고 이들의 유전자가 널리 퍼지면 인류의 미래도 안심할 수 있을 것이라고 확신했습니다. 게다가 그레이엄은 이 위험한 생각을 현실로 옮길 수 있는 자본이 충분했던 사람이었습니다.

그는 자신의 뜻을 관철시켜 1980년 '노벨상 정자은행'을 세우고, 노벨상 수상자 세 사람의 정자를 제공받아 '우편배달 주문 아기'를 생산하는 업무를 시작합니다. 이 정자은행은 1999년까지 약 20년 동안 216명의 아기들을 탄생시키죠. 이 숫자는 현재 가장 유명한 정자은행인 캘리포니아 정자은행이 한 달에 태어나게 하는 아이보다 적은 숫자입니다. 이는 그레이엄이 그 분야에서 성공한 사람들을 정자 제공자로 고집했기 때문이라고 합니다. 한 분야에서 괄목할 만한 성과를 거둔 이들이라면 대부분 이미 노년기에 접어든 사람들일 테고, 나이 탓에 그들의 정자는 수정 능력이 현저히 저하되어 있어 세상을 정화시킬 만큼의 유전자를 퍼뜨리기에는 무리가 있었지요.

어쨌든 결과적으로 그레이엄의 '천재공장' 프로젝트는 실패로 돌아갑니다. 그레이엄의 야심과는 달리 태어난 아이들의 대부분은 천재라기보다는 평균 성적을 조금 웃도는 정도에 머물렀습니다. 그 정도라도 어디냐고 할 수 있겠지만 자신의 아이에게 천재의 정자를 물려주기를 바랐던 어머니들의 열성적인 교육열과 자식 사랑을 생각한다면 이는 실패에 가까운 것이었죠. 아동기의 학습 능력은 주변 환경에 많은 영향을 받습니다. 일란성 쌍둥이 입양 연구 중에서 좋은 가정으로 입양된 아이가 불우한 환경에 남겨진 아이보다 지능지수가 더 높았다는 연구 결과가 있거든요. 사실 천재들

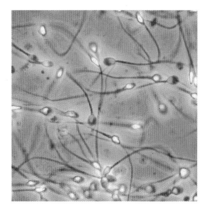
인간의 정자를 현미경으로 본 사진.

의 자식이 아니더라도, 최상의 환경을 제공하고 아낌없는 애정을 퍼붓는 엄마들의 아이들이 평균치보다 높은 점수를 받는 것은 당연한 일입니다.

그레이엄의 발상은 유전자 결정론과 우생학이 내 아이만큼은 일류로 키우고 싶다는 부모의 이기심과 거대 자본이 결합되었을 때 일어날 수 있는 가장 극단적인 시나리오였습니다. 그리고 이 이야기는 칼럼니스트인 데이비드 플로츠(David Plotz)의 끈질긴 취재 끝에 『천재공장(The Genius Factory)』이라는 책으로 엮어집니다.

그런데 흥미로운 사실은 정작 '노벨상 정자은행'의 아이들 중 노벨상 수상자의 정자로 태어난 아이들은 하나도 없다는 것입니다. 처음에는 그레이엄의 생각에 동조했던 세 명의 노벨상 수상자들은 거듭되는 정자 제공 요청에 나중에는 거절을 합니다. 다른 천재들도 마찬가지여서 그레이엄은 정자 제공자의 수준을 확 낮출 수밖에 없었기 때문입니다. 그렇게 20년이 지나자 이 정자은행에는 천재가 아닌 사람들의 정자가 더 많아졌고 일반 정자은행과의 차별성이 사라지게 되었죠. 결국 야심차게 시작된 노벨상 정자은행 프로젝트는 그레이엄이 죽은 뒤 흐지부지되다가 결국에는 문을 닫게 됩니다.

우생학 창시자 골턴의 치명적인 오류

그레이엄의 이야기는 아직도 우리 사회에서 우생학의 망령이 얼마나 깊게 뿌리 내리고 있는지 명확하게 보여 주는 사례입니다. '우생학(優生學, eugenics)'이란 유전으로 인한 열악한 심신 소질을 가진 인구의 증가를 막는 동시에 건전한 심신 소질을 가진 인구의 증가를 적극적으로 도모하여 인류 집단의 유전형질을 개선하는 것을 목적으로 하는 학문입니다. 가축이나 농작물을 재배할 때, 더욱 튼튼하고 젖이나 알을 많이 생산하는 품종을 골라내려는 노력은 오래전부터 있어 왔습니다. 인간의 필요성에 의해 시도된 이와 같은 노력은 정당한 것으로 받아들여져 왔습니다. 문제는 이러한 '개량'에 대한 시도를 인간에게 하기 시작할 때 생겨납니다. 그러나 이런 시도 역시 꽤 오래전부터 있어 왔습니다. 이미 고대 그리스 도시국가인 스파르타에서는 아이가 태어나면 국가에서 먼

저 검사를 해서 약한 아이는 산에 버리고 강한 아이만을 골라 키
웠다는 기록이 있습니다.

하지만 우생학이라는 용어가 본격적으로 역사에 등장하기 시작
한 것은 19세기입니다. 이 말을 만들어 낸 이는 프랜시스 골턴(Sir
Francis Golton, 1822~1911)입니다. 서양에서는 흔히 모든 면에서
뛰어나 남부러울 것 없는 사람을 '은수저를 물고 태어났다'고 하
는데, 골턴이 바로 은수저를 물고 태어난 인물이었습니다.

골턴은 유복한 명문가에서 태어났습니다. 그의 어머니는 에라스
무스 다윈의 딸이었고 아버지는 부유한 은행가였죠. 진화론을 주
장한 찰스 다윈이 그의 사촌이었지요. 골턴 역시 신동이라고 불렸
을 정도로 지적 능력이 뛰어났기 때문에 그는 한 번도 자신이 '열
등'하다고 느껴 보지 못했을 가능성이 높습니다. 1959년 그의 사

우생학의 창시자, 프랜시스 골턴.

촌형인 찰스 다윈이 『종의 기원』을 발표했을 때 그는 이 이론에 매료되었습니다. 다윈은 자신의 연구 결과를 토대로 하여 '환경에 적응한 개체만이 살아남는다'라는 '적자생존'의 모델을 보여 주었거든요. 다윈의 이론은 골턴에게 많은 영향을 미쳤습니다. 그는 더나아가 다윈이 이야기한 적자생존 모델을 동물뿐 아니라 인간에게 적용하는 것도 나쁘지 않겠다는 생각을 하게 된 것이죠.

그의 이런 생각은 1869년에 발간한 『유전적 천재(Hereditary Genius)』에서 이미 드러납니다. 원래 'hereditary characters'는 유전형질, 'hereditary disease'는 유전질환이라는 의미를 가지고 있습니다. 골턴의 책 제목이 'hereditary genius'인 것으로 보아 그는 '천재도 유전에 의해 나타난다'는 생각으로 이런 제목을 붙인 것 같습니다. 그는 여기서 유전적 성향이 우수한 남녀들이 계속 짝을 이루면 결국 천재적인 종족이 만들어질 것이라고 추정합니다. 그의 이러한 사상은 1883년 우생학이라는 이름을 붙인 학문 분야를 창시하는 바탕이 되었지요.

당시 골턴의 우생학은 '적극적인 우생학'이었습니다. 적극적인 우생학은 '좋은 것을 골라내서 더욱 번성시키는 것'에 초점이 맞춰져 있습니다. 그러나 훗날 우생학은 '소극적 우생학'으로 변질되어 사회적으로 많은 문제를 일으킵니다. 소극적 우생학이란 '열등한 성질을 가진 것을 찾아내 도태시키는 것'을 의미합니다. 좋은 형질을 골라내서 번성시키는 것은 속도가 느리고 시간도 오래 걸리는 반면 나쁜 형질을 솎아 내는 것은 이보다는 빠른 시간에 대규모로 실행하는 것이 가능합니다.

실제로 20세기 초, 영국과 미국의 우생학자들은 서로 전혀 다른 방식으로 우생학을 지지했습니다. 영국의 우생학자들이 우수한 유전자 개량을 위해 적극적인 수단을 신봉한 것과는 달리 미국의 우생학자들은 소극적인 수단으로 사회 부적격자(정신박약아, 창녀, 범죄자, 알코올 중독자, 간질 환자, 장애 및 기형아 등을 그 범주에 넣었음)에 대한 강제 불임시술을 실시하는 것을 선택했지요. 1907년 인디애나 주의회가 최초로 사회 부적격자에 대한 강제 불임시술을 합법화시킨 이래로 1930년대에는 27개 주로 확대되기에 이릅니다. 이로 인해 1930년대 미국에서는 4만여 명이 넘는 사람들이 강제로 불임시술을 받는 비인간적인 처우를 받습니다. 유전적으로 '열등'하다고 생각되는 이들에 대한 강제 불임시술은 비단 미국의 일만은 아니었습니다. 가장 대표적인 예는 역시 독일의 히틀러입니다. 히틀러는 인종청소라는 명목으로 유대인과 집시들을 대량 학살했을 뿐 아니라, 우수한 아리아인의 형질을 보존하기 위해 25만 명이 넘는 이들에게 강제 불임시술을 시행하여 생명으로서 가장 기본적 권리인 '아이를 낳을 권리'를 빼앗습니다.

★ 강제로 불임시술을 받은 캐리 벅

미국 버지니아에서 태어난 캐리 벅은 어린 시절 아버지를 잃고 세 아이를 키우기 위해 거리의 여자가 되었던 엄마마저 간질 및 정신질환자 수용시설에 갇힙니다. 오갈 곳 없던 캐리는 돕스 가족과 함께 생활하게 되었습니다. 말이 수양딸이지 실제로는 돕스 일가의 허드렛일을 도맡아하는 하녀나 다름없었던 캐리는 17살 때 돕스 부부의 조카에게 강간을 당하고 임신을 하게 됩니다. 돕스 부부는 가문의 수치를 숨기고자 캐리에게 정신박약자라는 굴레를 씌웁니다. 당시 미국에서는 '백치는 3대면 족하다'라는 말이 유행처럼 떠돌았습니다. 이는 정신박약 증세가 3대에 걸쳐 나타나면 그 가계는 더 이상 이어질 가치가 없다고 판단하고 강제로 불임시술을 실시하는 것이 합리적이라는 것을 뜻하는 말이었습니다.

캐리의 경우에는 그녀의 어머니가 정신질환자 수용시설에 갇힌 바 있고 18살 때 낳은 아이 역시 정신박약의 증세가 있는 것으로 '추정'되었기 때문에 바로 '3대 백치'의 대표적인 사례가 된 것이지요. 그래서 그녀는 강제로 불임시술을 받아야 했습니다. 하지만 그녀가 다녔던 학교의 기록이나 다른 사람들의 증언을 들어 보면 그녀가 사회생활을 제대로 하지 못할 정도로 백치였다는 증거는 어디에도 없습니다. 오히려 성실하고 유능한 학생이었다는 기록만이 남아 있었습니다. 하지만 수양딸인 캐리의 행복은 안중에도 없었던 돕스 부부의 농간으로 있지도 않은 정신박약 증세를 판명 받고 영원히 아기를 낳을 수 없는 몸이 되었던 것이죠. 캐리처럼 많은 이들이 단지 지능이 평균보다 조금 떨어진다는 이유로, 창녀나 범죄자의 자식이라는 이유로, 장애를 가지고 태어났다는 이유로 원치 않는 불임시술을 받아야 했던 것이 20세기 초의 현실이었습니다.

실제로 골턴의 우생학은 19세기 말부터 20세기 초까지 굉장한 인기를 얻습니다. 당시 전 세계는 오로지 강자만이 패권을 쥐고, 약자는 그들의 압제에 시달리며 식민지에서 수탈을 감내하는 것이 당연하게 여겨지던 시절이었으니까요. 기득권을 쥐고 있던 열강들은 '열등'한 민족들을 '우등'한 자신들이 지배하는 것이 당연하다고 스스로를 합리화시킵니다.

우생학이 고개를 내밀자 뒤이어 이를 뒷받침하는 연구들이 연이어 시작됩니다. 우생학을 정당화시킨 대표적인 연구들이 여럿 있었는데, 그중 하나가 IQ(Intelligence Quotient, 지능지수)검사입니다. 우리는 흔히 IQ가 지능을 측정하는 가장 대표적인 표준이라고 생각하고 누구나 한번은 IQ검사를 받곤 합니다. 그런데 IQ란 원래 얼마나 머리가 좋고 나쁜지를 측정하는 기준이 아니라, 학습 능력이 심각하게 떨어지거나 정신박약을 가지고 있는 학생들을 걸러내기 위해 만든 테스트였습니다.

우생학을 정당화시키는 대표적인 연구들

1905년 프랑스의 심리학자 비네(Alfred Binet, 1857~1911)는 지능 측정 방법을 연구하기로 결심합니다. 처음에 비네의 관심을 끌었던 것은 외과의사이자 인류학자인 브로카(Pierre Paul Broca,

1824~1880)가 주장했던 두개계측학이었습니다. 두개계측학이란 지능과 머리 크기 사이에 존재할 법한 상관관계를 연구한 학문입니다. 머리의 크기가 크면 그만큼 안에 들어 있는 뇌의 크기가 클 테고, 뇌가 크면 자연히 머리가 좋을 것이라는 아주 단순한 생각에 기초한 것입니다. 이렇게 유치한 생각이 당시의 '교양 있고 지적인 신사들'에게 환영 받았다니. 참으로 인간의 지혜란 것이 별 것 아니라는 생각조차 듭니다. 비네 역시 초기에는 두개계측학에 솔깃했던 것이 사실입니다. 그러나 두개골을 직접 측정하면서 측정값이 별다른 규칙성을 나타내지 않는다는 것을 깨달았지요. 우수한 학생일지라도 머리가 작은 경우가 많았고, 반대로 열등한 학생들의 머리가 더 큰 경우도 많았지요. 그리고 머리 크기에 차이가 있다고 하더라도 그 크기는 너무도 미미한 정도여서 이 정도의 차이가 어떻게 지능적인 차이를 가져오는지 설명할 수 없었습니다.

이제 비네는 두개계측학을 포기하고 다른 방식의 지능 테스트를 연구합니다. 1904년, 비네는 교육부 장관으로부터 학습 성적이 부진한 학생들을 식별해 내는 테스트 개발 업무를 위임받게 됩니다. 이를 위해 비네는 실용적인 방식을 선택했습니다. 그는 일상생활과 연관된 단순한 문제들을 풀어 나가는 것을 통해 아이들의 지적 능력을 간접적으로 테스트할 수 있다고 생각했습니다. 그래서 그는 문제를 쉬운 것에서 어려운 것 순서로 늘어놓고, 각 단계의 문제를 풀어 나가는 능력을 통해 아이의 정신연령을 산출해 내었죠.

즉 문제를 3살부터 13살까지의 난이도로 만들고 쉬운 것부터 문제를 제시합니다. 아이가 더 이상 문제를 풀지 못하게 되면 그것을 토대로 그 테스트의 연령이 아이의 정신연령이라고 생각했습니다. 그리고 이렇게 측정한 정신연령을 실제 나이와 비교하여 아이의 학습 부진 정도를 파악하려고 했지요. 예를 들어 9살짜리 아이를 대상으로 테스트를 하였는데, 이 아이가 5살용 문제에서 더 이상 풀지 못했다면 이 아이의 정신연령은 5살에 불과하다고 판단하는 것이지요. 이 경우 실제 나이와 정신연령이 4살이나 차이가 나기 때문에 이 아이는 학습 부진아이며 따라서 그에 걸맞은 보충 수업이나 수준별 학습이 시도되어야 한다는 것입니다.

비네는 최초로 지능을 측정하는 '객관적인 — 혹은 객관적으로 보이는' 테스트 방법을 만들어 낸 것입니다. 그러나 비네는 자신의 연구 결과가 함부로 사용되는 것을 극도로 경계했습니다. 그는 자신의 테스트가 널리 사용될 경우, 학습 능력이 떨어지는 아이들을 도와주는 용도로 사용되기보다는 이 아이들에게 '지진아'라는 꼬리표를 붙이는 용도로 왜곡될 가능성을 두려워했습니다. 비네는 정신을 단일한 수치로 판단할 수 없을 것이라고 생각했고, 따라서 IQ테스트가 학생들을 서열화시키는 데 쓰이는 것을 반대했습니다. 하지만 비네의 이런 의도는 다른 이들에게 제대로 전해지지 않았습니다. 비네의 테스트는 미국으로 건너가면서 더욱 심하게 왜곡됩니다. 당시 스탠포드 대학의 교수였던 터먼(Lewis Madison Terman,

1877~1956)은 비네의 테스트를 확장 · 수정하여 성인에게까지 적용 가능한 지능검사인 '스탠포드비네(Stanford-Binet) 테스트'를 만들어 이를 보급합니다. 이 스탠포드비네 테스트는 이후 실시된 수많은 IQ테스트의 표준으로 자리 잡게 되지요.

★ 미국의 골고다, 모턴

19세기 미국의 과학자였던 모턴(Samuel George Morton, 1799~1851)은 '미국의 골고다'라는 무시무시한 별명을 가지고 있습니다. 모턴이 일생을 바쳐 연구한 것은 사람들의 두개골을 모아 그 용적을 측정한 것입니다. 당시에는 머리가 클수록 지적 능력이 우수할 것이라는 생각이 팽배해 있었고, 모턴은 이를 실제로 측정했던 것입니다. 모턴이 죽을 때까지 모은 두개골의 수는 무려 1,000개에 이르렀다고 합니다. 모턴은 새로운 두개골을 손에 넣을 때마다 두개골에 겨자씨를 채워 넣어 그 부피를 측정했고, 그 결과를 인종별로 나누어 서열화시켰습니다. 한번 상상해 보세요. 근엄하게 생긴 과학자가 두개골에 겨자씨를 조심스레 담는 모습이라니, 이는 어쩐지 과학자라기보다는 주술사에 가까운 모양입니

두개골 용적 측정과 서열화에 심취했던 모턴.

다. 그것도 누군가에게 저주를 내리는 주술을 행하는 사람의 모습과 더 가깝습니다.

더군다나 모턴이 행했던 연구 역시 '저주'에 가까운 것이었지요. 모턴은 이 두개골들을 모두 측정해 두개골의 평균 용적을 인종에 따라 배열한 표를 만들었는데, 다들 예상하는 것처럼 이 표에서는 백인이 가장 상위에 위치하고 그 다음에는 인디언이, 그리고 가장 아래쪽에 흑인이 놓였습니다. 모턴의 이 표는 당시 사회에서 나타나고 있는 계급적 차이나 권력에 대한 접근 정도와 그대로 일치하는 것이었습니다. 그래서 기존의 계급적 지배 질서를 옹호하고자 하는 이들은 모턴의 이 연구 결과를 자신들에게 유리하도록 사용했지요. 백인이 유색인종에 비해 우월한 것은 '자연적'인 현상이니, 사회적인 계급 역시 자연스럽게 받아들여야 한다는 것이었죠.

당연하게도 그의 '연구'는 실험자의 지독한 편견과 예측에 들어맞는 데이터만 사용하는 방식으로 이루어진, 그야말로 심각한 오류를 담은 결과였습니다. 훗날 모턴의 원본 데이터를 입수한 학자들이 편견과 선입견을 제거하고 자료를 처리한 결과, 각 인종 사이의 두개골 크기는 별다른 차이가 없다는 것이 밝혀졌습니다. 모턴의 사례는 편견에 가득 찬 생각과 데이터를 선택하는 연구자가 만났을 때 어떤 결과가 나타나는지를 잘 보여 주는 예입니다. 또한 다분히 객관적으로 보이는 연구 결과들이 사회적으로 이용되었을 때, 얼마나 큰 폐해를 가져올 수 있는지 직접적으로 보여 주고 있습니다.

처음에 IQ검사는 단지 학습 능력이 지나치게 떨어지는 아이들만을 골라내기 위한 것이었지만, 이것이 점수화되면서 마치 수능 전국 등수처럼 사람들을 IQ순으로 늘어놓게 만듭니다. 그리고 사람들의 인식 속에도 IQ가 높으면 지능이 높고 뛰어난 사람이며, IQ가 낮으면 지능지수가 떨어지는 열등한 사람이라는 생각이 자리 잡히게 됩니다.

그런데 문제는 이 IQ검사법은 유럽과 미국의 백인 학자들이 만든 것이었기 때문에 교육을 받은 중산층 백인들에게 적합한 문제로 이루어져 있다는 것입니다. 이 IQ검사를 대규모로 많은 사람들에게 실시하니 예상대로 아시아인, 중남미인, 흑인들은 백인들에 비해 낮은 점수를 받았습니다. 낮게 나온 IQ지수는 백인들에게 유색인종은 머리가 나쁘다는 편견을 심어 주고, 그들은 지배받아야 마땅한 열등한 종족이라는 인식을 더욱 확고히 하는 데 도움을 주게 됩니다.

이런 결과가 나온 근본적인 이유는 정말로 유색인종의 지적 능력이 떨어지는 것이 아니라 IQ검사 자체가 백인들에게 유리하게 만들어졌기 때문입니다. IQ검사에 나오는 문제는 백인들이 학교에서 배운 내용들을 기초로 해서 만들어진 것입니다. 따라서 실제 지능과는 상관없이 가난으로 인해 정규 교육을 제대로 받지 못했거나 이민자의 자녀로 영어를 제대로 구사하지 못하는 경우에는 당연히 점수가 낮게 나올 수밖에 없습니다. 단순히 학습 부진아를 찾아내서 이들에게 적합한 교육을 시키려고 만들어 낸 테스트가 사람들을 일렬로 줄 세우고 앞줄에 서 있는 이들이 뒷줄에 선 이들을 얕잡아보고 무시해도 좋은 근거로 변모하는 순간이었지요.

물론 현재 실시되고 있는 IQ검사는 100여 년 전 실시되었던 불공정했던 IQ검사가 아니라 가능한 한 인종적·성적·지역적 차별을 배제하는 문제들로 구성된 테스트입니다. 즉, 이전의 검사에 비해 객관성을 담보하고 있는 것이지요. 하지만 인간의 지능이란 단순히 숫자로 치환시킬 수 있는 것이 아닙니다. 지능이라는 것 자체가 학자에 따라 다르게 정의되고 있으며 지능의 실체조차 뚜렷하지 않거든요. 미국의 심리 학자 웩슬러(David Wechsler, 1896~1981)는 지능이란 '유목적적으로 행동하고, 합리적으로 사고하고, 환경을 효과적으로 다루는 개인의 종합적 능력'이라고 정의 내린 바 있습니다. 이렇게 복잡다단한 지능을 하나로 묶어 숫자 몇 자리로 통합해서 나타내려고 하는 시도 자체가 어리석은 것일 수 있습니다. 예전부터 IQ검사를 둘러싼 각종 문제들이 불거졌음에도 불구하고 IQ검사는 여전히 행해지고 있지요. 다행히도 예전에 비해 노골적이거나 적대적이지는 않습니다. 그러나 아직도 많은 아이들을 IQ를 잣대로 재단하는 일이 벌어지고 있습니다. 최근에 들어서는 IQ 대신 EQ(Emotional Quotient, 감성지수)나 SQ(Spiritual Quotient, 영성지수), BQ(Brilliant Quotient, 명석지수) 등 지능을 측정하기 위한 다양한 척도들이 개발되고 있으나, 결국 인간을 서열화시키는 근본적인 문제를 해결하지는 못하고 있습니다.

염색체와 유전에 대한 연구는 단순한 실험실 연구와는 다른 특성을 가지고 있습니다. 다른 분야와 달리 이 분야의 실험 결과는 사회에 무분별하게 전달될 경우 사회의 구조적 모순을 정당화시키는 수단으로 악용될 가능성이 다분하기 때문입니다. 이를 방지하기 위해서는 두 가지 방법을 생각해 볼 수 있을 것입니다. 첫 번째는 유전자 연구가 단순히 학문적인 수준에서만 이루어지도록 그 적용을 극히 제한하거나 아예 연구를 금지하는 방안이 있습니다. 하지만 유전학 연구는 부작용만 있는 것이 아니라 인간 생활에 이로운 점이 훨씬 많기 때문에 무조건 금지하는 것은 좋은 대안이 될 수 없습니다. 두 번째는 연구 결과를 사회적으로 적용할 때, 이를 객관적으로 심사할 수 있는 구조적 시스템을 갖추는 것입니다. 예를 들어 염색체 이상이 선천적 질병과 연관되어 있다는 연구 결과가 나온다면, 이 결과가 사회에 적용되기 전에 예상되는 긍정적인 결과와 부정적인 결과를 검토하여 가능한 한 피해를 입는 사람이 최소가 되도록 하는 제도적 장치를 갖춘 뒤 이를 서서히 수용하는 것입니다. 선천적 질병과 염색체 간의 연관성, 그리고 유전자 검사법의 발달은 이상유전자를 가진 사람들에 대한 차별로 이어질 가능성이 아주 큽니다. 따라서 이런 검사법이 사회적으로 널리 퍼지기 전에 개인의 유전정보 유출에 대한 엄격한 금지, 유전자 차별 금지법의 제정, 치료 가능한 유전질환의 검사 의무화 및 치료 보조 혜택 등 다양한 안전장치들을 먼저 구축해 놓고 받아들인다면 새로운 과학적 발견으로 인해 피해를 보는 이들이 줄어들게 될 것입니다.

episode 3 │ 난자 엄마와 낳아 준 엄마

한 인공수정 전문 클리닉에서 도난 사건이 발생한다. 특이하게도 범인이 노린 것은 금품이 아니라, 냉동 보관되어 있던 100여 개의 배아다. 이 클리닉은 유전병을 가진 배아를 골라내기 위해 이식 전 배아의 유전자를 검사하는 곳이다. 이 과정으로 건강한 배아는 이식되지만, 그렇지 못한 배아는 파기되기 마련이다. 이 인공수정 클리닉에서 배아를 훔친 사람들은 '배아도 생명'임을 내세워 배아를 인위적으로 파기하는 것이 비윤리적임을 세상에 알리기 위해 일부러 배아를 훔친 것이었다. 이들은 이런 '노이즈 마케팅'으로 인해 세상에 자신들의 정당성을 알리려고 했다. 그러나 전문가들이 아니었던 이들은 배아가 담긴 냉동저장용기를 잘못 다루는 바람에 배아들을 모두 죽게 만들고 결국 체포되어 재판에 회부된다. 자신의 실수로 배아를 죽게 만들었음에도 오히려 이를 자신들이 속한 단체의 홍보에 버젓이 이용하려 하자, 부모들의 분노는 극에 달한다. 이 과정에서 배아를 훔친 범인이 기자회견을 하던 도중에 누군가가 쏜 총에 의해 피살당하는 사건이 일어난다. 경찰은 죽은 배아의 부모들을 유력한 용의자로 지목하고 이들을 수사하기 시작한다.

― 〈성범죄 수사대 : SVU〉 시즌 9의 에피소드 중에서

이 에피소드는 생식세포와 배아를 냉동하는 기술이 가능해지면서 일어날 수 있는 일들을 다루고 있습니다. 이를 보면서 몇 가지 뉴스 기사들이 떠올랐습니다. 그 중 하나는 '기적의 아기' 제이섹에 대한 이야기입니다. 지난 2008년 캐나다 CTV에서는 〈기적의 아기〉라는 제목의 프로그램을 방송했습니다. 이 아기의 아버지인 마이크 쿠츠민

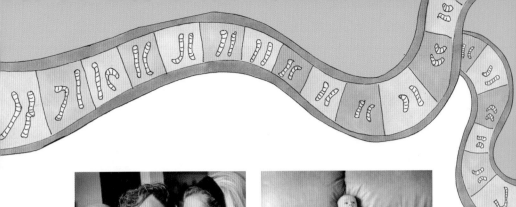

22년 동안 냉동되어 있던 정자를 이용해 태어난 '기적의 아기' 제이섹과 제이섹의 부모인 쿠츠민스키 부부의 모습.

스키(Mike Kuzminski)는 18살에 치명적인 암에 걸려 항암치료를 받아야 했습니다.

이 항암치료를 받게 되면 병이 완치된다 하더라도 생식 능력에 손상을 입어 평생 아이를 낳지 못할 것이 확실했지요. 당시 마이크는 겨우 18살이었으므로 아이까지는 생각하지 못했으나, 의사의 권유로 정자를 냉동시켜 두는 데 동의했습니다. 다행히 항암치료는 성공적이었고, 마이크는 무사히 어른이 되어 2003년에 결혼을 하게 됩니다. 결혼 이후 비로소 자신이 예전에 냉동시켜 두었던 정자가 있었다는 것을 기억해 낸 마이크는 수소문 끝에 병원에 아직도 자신의 정자가 냉동되어 있다는 것을 알아냅니다. 그리고 곧 이를 이용한 인공수정으로 아내인 크리스틴이 임신에 성공하지요. 무려 22년 2개월 22일 동안 냉동되어 있던 정자가 하나의 생명으로 자리 잡게 된 것입니다. 그리하여 태어난 아기가 사진에서 보이는 '기적의 아기' 제이섹입니다.

이 아기는 예정보다 22년이나 늦게 태어났으나, 건강에는 별다른 이상 없이 자라고 있다고 해요.

또 일본에서는 이런 일도 있었습니다. 지난 2006년, 일본의 최고재판소(한국의 대법원과 동일)에서는 독특한 재판이 열렸습니다. 소송의 주인공은 한 여성으로 항암치료를 받아 오던 남편이 1999년 사망하자, 미리 얼려 두었던 냉동 정자를 이용해 2001년 아들을 낳았습니다. 그녀는 이렇게 태어난 아기를 죽은 남편의 친자로 출생신고를 하려 했으나, 이를 거부당하자 법원에 소송을 낸 것입니다. 오랜 논의 끝에 일본 최고재판소는 유복자(遺腹子)일지라도 아버지 사후에 냉동 정자로 태어난 아이는 친자로 인정할 수 없다는 판결을 내리고 청구를 기각했습니다.

위에서 일어난 사건들은 모두 생식세포, 그 중에서도 정자의 냉동으로 인해 일어난 이야기들입니다. 현재 의학기술은 정자와 난자 같은

냉동된 세포들은 급격한 온도 차이에도 깨지지 않는 냉동용 튜브(cryo tube)에 적당한 양씩 나눠 담아, 차가운 액체 질소가 든 통 안에 보존됩니다.

생식세포뿐 아니라, 수정란과 배반포 수준의 배아까지도 냉동시켰다가 해동시켜서 발생시키는 일이 가능한 수준에 와 있습니다. 그렇다면 살아 있는 세포 및 배아의 냉동은 어떤 과정을 통해 일어나는 걸까요?

살아 있는 상태의 배아를 냉동시키는 과정에서 가장 중요한 것은 냉동으로 인한 세포 조직의 파괴를 최소한으로 줄이는 것입니다. 알다시피 살아 있는 세포는 상당 부분 물로 이루어져 있는데 물이 얼게 되면 결정이 생겨 조직을 파괴시킵니다. 흔히 냉동시킨 고기를 해동시키면 물이 흥건하게 흘러나오는 것을 볼 수 있는데, 이는 세포 내 존재하던 물이 얼음 결정이 되는 과정에서 세포를 파괴했기 때문입니다. 그래서 원래는 세포 내에 있어야 할 물이 해동이 되면서 바깥으로 흘러나오는 것이죠. 따라서 살아 있는 세포는 냉동 시의 충격을 해소해 줄 동결보호제(cryoprotective additive : CPA)가 반드시 필요합니다. 현재는 각각 세포의 상태나 배아의 발달 단계에 따라 가장 적합한 동결보호제(PROH, DMSO, 글리세롤 등)가 나와 있기 때문에, 각각의 상태에 따라 최적의 동결보호제를 선택할 수 있습니다.

적당한 동결보호제를 써서 세포를 보호해 준 뒤에도, 세포를 얼리는 것은 매우 조심스러운 과정입니다. 얼리는 과정을 천천히 하느냐, 급속하게 하느냐도 해동 이후 세포나 배아의 생존에 중요한 영향을 미치거든요. 일반적으로 동결보호제를 저농도로 사용했을 때에는 시간을 두고 서서히 온도를 낮춰 천천히 냉동시키는 방법을 사용하는 것이 좋고, 높은 농도의 동결보호제를 사용했을 경우에는 급속냉동시키는 것이 오히려 좋습니다. 그리고 이렇게 냉동된 세포나 배아는 바로 극저온의 액체 질소(-197℃)가 든 탱크 속으로 옮겨져 해동될 때까지 보관되지요.

생식세포나 배아 동결에서 얼리는 것보다 더 중요한 것은 녹이는 것입니다. 세포 손상이 적도록 잘 얼려 두었더라도, 해동 과정에서 실수를 하게 되면 이들은 살아나지 못하니까요. 해동의 과정은 냉동과 반대로 이루어집니다. 일단 액체질소에서 꺼낸 생식세포나 배아는 보통 37℃의 온수에 넣어 급속도로 해동시키는 급속해동 방법을 이용해서 녹이는데, 세포나 배아가 녹으면 빠른 시간 내에 동결보호제를 제거해 주어야 합니다. 하지만 급격한 삼투압의 변화로 세포막이 터지는 것을 막기 위해 동결보호제 제거 과정도 농도 순으로 차근차근 이루어져야 하니 매우 조심스러운 과정입니다.

생식세포 및 배아의 냉동과 해동은 세포의 기준에서 보면 엄청난 스트레스일 것입니다. 그래서 아무리 조심스럽게 해동을 한다고 해도 세포들이 모두 살아나는 것은 아닙니다. 세포의 종류에 따라 다르지만, 보통 해동 시 세포의 생존율은 70% 정도로 알려져 있습니다. 하지만 냉동기간이 길고 냉동고의 온도가 불안정할수록 생존율은 더욱

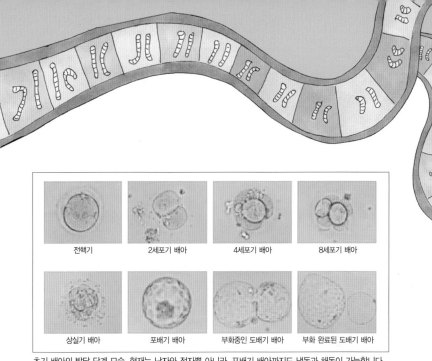

| 전핵기 | 2세포기 배아 | 4세포기 배아 | 8세포기 배아 |
| 상실기 배아 | 포배기 배아 | 부화중인 도배기 배아 | 부화 완료된 도배기 배아 |

초기 배아의 발달 단계 모습. 현재는 난자와 정자뿐 아니라, 포배기 배아까지도 냉동과 해동이 가능합니다.

낮아질 수 있습니다. 실제로 제가 실험실에 있을 때에도 생식세포는 아니지만 실험에 사용하던 다양한 세포들을 얼려서 보관하곤 했습니다. 그런데 아무리 건강했던 세포라도 냉동보관 후 5년 정도 지나면 해동을 할 때 생존율이 떨어지기 때문에 실험을 할 수 없었던 경우가 종종 있었습니다. 이처럼 냉동보존된 세포는 해동 이후에 생존하지 못하는 경우가 종종 있지만, 일단 해동 이후 성공적으로 생존했다면 정상적인 세포와 다를 바 없이 자라납니다. 이는 생식세포나 배아의 경우도 마찬가지죠. 그렇기에 생식세포나 배아를 냉동했다가 훗날 해동시켜 건강한 아기를 태어나게 하는 것이 가능하답니다.

　예전에 보았던 영화 〈에일리언〉에서 인상적인 장면을 하나 꼽으라면, 저 먼 우주로 탐사를 떠나는 대원들이 긴 여행을 견디지 못할까

봐, 이들을 모두 냉동인간으로 만들어 지루한 시간 동안 냉동 상태의 잠에 빠지도록 만드는 이야기였습니다.

이처럼 냉동했다가 녹여도 살아나는 배아의 이야기를 하면, 사람들은 대개 '냉동 인간' 이미지를 떠올립니다. 인간의 기원인 수정란과 배아도 냉동과 해동이 가능하다면 거기서 파생되는 인간도 가능하지 않을까요? 이에 대해서는 아직 긍정도 부정도 할 수 없는 상태입니다. 지금까지 인간을 냉동해 본 적은 있지만 해동해 본 적은 없거든요. 지금도 미국 애리조나의 일명 '인간 냉동 주식회사'로 알려진 '알코어 생명연장재단(ALCOR life extension foundation)'에는 1967년 최초로 스스로를 냉동인간으로 만들어 줄 것을 요구했던 배드퍼드 박사를 시작으로 수십 명 정도가 냉동인간 상태로 액체 질소가 가득 든 탱크 안에 들어 있습니다.

사람을 냉동인간으로 만드는 과정 자체는 생식세포나 배아를 얼리는 것과 비슷합니다. 먼저 신체에서 피를 모두 뺀 뒤, 얼지 않는 동결보호제를 피 대신 주입하여 조직이 받는 스트레스를 최소화시킨 뒤에 이를 냉동시켜 액체 질소에 보관하는 것입니다. 하지만 아직 이렇게 냉동인간이 된 사람들 중에 아무도 다시 해동시킨 적은 없기 때문에 실제로 냉동인간이 가능할지는 아무도 모릅니다. 그들이 모두 살아날지, 아니면 냉동과 해동의 스트레스로 인해 살아나지 못할지는 아무도 모른다는 것이죠. 하지만 과학이 점점 더 발달하는 세상에서 냉동 인간에 대한 이야기는 철없는 어린아이의 바람이 아니라, 실제로 한 발자국씩 다가가고 있는지도 모릅니다. 과학은 엉뚱한 호기심에 의해 시작되었을지라도, 이를 현실화시킬 수 있는 능력을 가지고 있으니까요. 그렇다면 우리는 냉동인간이 해동되어 살아가는 날이 오기 전에 무엇을 고려하고, 무엇을 더 생각해 보아야 할까요?

04 유전자가
약속한 미래

DNA가 생물의 유전정보를 담고 있다는 사실이 밝혀진 뒤에도 유전학의 비밀은 여전히 안개 속에 파묻혀 있었습니다. 그 중에서 가장 근본적인 문제는 DNA가 유전물질이기는 하지만, 우리의 몸은 DNA로 이루어져 있지 않다는 것입니다. 우리 몸에서 물을 제외하고 가장 많은 부분을 차지하는 요소는 단백질입니다. 마치 설계도는 종이로 만들어져 있지만, 그 설계도로 인해 만들어지는 결과물은 콘크리트와 철근으로 된 구조물인 것처럼 말이죠. 그렇다면 과연 어떻게 DNA의 부호가 단백질로 연결되는 것일까요?

DNA의 구조가 밝혀지고 난 뒤 1950년대 후반은 바로 이 의문을 밝혀 나가는 시기였습니다. 처음에 학자들은 DNA의 염기서열마다 꼭 맞는 아미노산들이 있어 DNA와 결합하고, 이 아미노산들이 뭉쳐져서 하나의 단백질을 형성한다고 생각했습니다. 하지만 왓슨은 이 생각에 그다지 동의하지 않았습니다. 왜냐하면 DNA의 이중나선 구조에는 상대적으로 덩치가 큰 아미노산들이 달라붙을 만한 충분한 공간이 없어 보였거든요. 또한 세포에서 DNA를 제거해도 단백질의 합성은 당장에 멈추는 것이 아니라 상당한 시간 차이가 난다는 것이 알려졌습니다. 만약 단백질이 DNA를 주형으로 바로 만들어지는 것이라면 DNA가 없어질 때 단백질 합성도 바로 멈춰야 합니다. 그런데 그렇지 않으니 DNA와 단백질 사이를 매개하는 무언가가 존재한다는 추측을 하게 되었죠.

그래서 학자들은 세포 내에 존재하는 또 다른 핵산의 하나인 RNA에 주목하게 됩니다. RNA는 세포 내에서 흔히 발견되는 물질인데, 당시만 하더라도 RNA가 무슨 일을 하는지 전혀 밝혀지지 않은 상태였습니다. 그런데 단백질이 많이 만들어지는 세포일수록 RNA도 풍부하게 존재한다는 사실이 밝혀지면서 DNA와 단백질을 매개하는 것이 어쩌면 RNA일 것이라는 예측을 하게 됩니다.

이에 DNA 구조 발견자 중 한 사람이었던 프랜시스 크릭은 1959년 DNA에서 RNA를 거쳐 단백질이 만들어진다는 개념, 즉 센트럴 도그마(central dogma)를 만들어 냅니다. 우리말로는 '중심 원리' 혹은 '중심 사상'이라고 번역되지만 여기서는 그냥 원어 그대로 센트럴 도그마라고 부르기로 하겠습니다. 원래 도그마(dogma)란 기독교의 교리를 이르는 말로, 인간의 구제를 위해 신이 계시한 진리이자 교회가 신적 권위를 부여한 것을 뜻하는 말입니다. 그러니 크릭은 이 개념이야말로 종교의 교리처럼 분자생물학에서는 반드시 알아야 하는 기본 중의 기본 원리라는 생각에 센트럴 도그마라는 이름을 붙인 것이죠.

센트럴 도그마에 대하여

분자생물학, 기본 중의 기본

센트럴 도그마에 따르면 생명체의 유전정보는 DNA 속에 들어 있으며 생명체의 몸을 구성하는 것은 단백질입니다. 즉, 단백질을 만드는 정보는 DNA 속에 들어 있는데, 이것이 RNA 형태로 복사되어 세포 내 단백질 생산 공장이라고 알려진 리보솜(ribosome)으로 전달되어 단백질이 만들어진다는 것입니다. 이때 DNA는 스스로를 복제할 수 있지만, RNA와 단백질은 반드시 전 단계의 물질을 주형으로 삼아 만들어진다는 것이 센트럴 도그마의 개념입니다. 이때 DNA가 스스로를 복제하는 과정을 복제(replication)라고 하며,

DNA에서 RNA가 만들어지는 과정은 전사(transcription), RNA 의 정보를 이용해 단백질을 합성하는 과정을 번역(translation)이 라고 합니다. 즉, DNA는 복제 과정을 통해 세포분열을 할 때마다 DNA를 복사하고, 이 DNA에 담긴 유전정보는 필요할 때마다 전 사 과정을 통해 RNA로 바뀌어서 리보솜에 전달됩니다. 그리고 리 보솜은 이를 받아서 번역 과정을 통해 단백질을 합성한다는 것입 니다. 리보솜은 자체적으로 RNA를 가지고 있는데 이 RNA에는 RNA 단위 세 개마다 하나의 아미노산들이 지정되어 있습니다. DNA에서 전사된 정보가 RNA 형태로 리보솜에 도달하면, 리보솜 은 이 RNA를 기준으로 자신이 가지고 있는 RNA 조각들을 가져다 붙입니다. 리보솜 RNA에는 세 개마다 하나씩 아미노산이 지정되 어 있으니, RNA의 배열 순서대로 아미노산이 배열되게 됩니다. 그 렇게 RNA를 따라 늘어선 아미노산들이 모여서 하나의 단백질을 형성하는 것이죠. DNA는 두 가닥으로 이루어진 이중나선 형태이

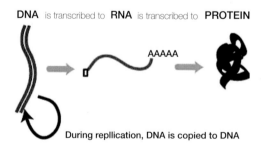

DNA is transcribed to **RNA** is transcribed to **PROTEIN**

AAAAA

During repllication, DNA is copied to DNA

센트럴 도그마의 기본 개념.

지만 RNA는 단일 가닥으로 존재하는 이유는 리보솜에 도착해 거기 있던 RNA와 짝을 이뤄야 하기 때문이랍니다.

이해하기 쉽게 로봇 만드는 과정을 예를 들어 설명해 볼게요. 여기 멋진 로봇 설계도가 있습니다. 이 로봇은 매우 인기가 많아서 사람들이 설계도를 복사해 이를 토대로 로봇을 만듭니다. 하지만 로봇을 만들어 사용하다 보면 나사가 빠지거나 스프링이 끊어지거나 하는 일이 자주 발생합니다. 이렇게 망가진 부속품들은 다시 만들어서 보충해 주어야 하는데, 이때 부속품 업체에게 설계도면 전체를 모두 보내는 것은 비효율적이겠지요. 로봇을 만드는 설계도는 굉장히 길고 복잡합니다. 그런데 한 개의 나사를 만들려고 수백 페이지짜리 설계도 전체를 복사해서 보낸다고 생각해 보세요. 그게 얼마나 어리석은 짓인지요. 이럴 때는 설계도 중에서 나사를 만드는 법이 쓰인 부분만을 따로 복사해서 부속품 업체에게 보내는 것이 더 낫습니다. 부속품 업체는 이미 예전에 만들었던 다양한 종류의 나사들을 가지고 있으니 복사된 종이를 보고 거기에 꼭 맞는 나사를 찾아서 보내줄 테니까요.

여기서 수백 페이지짜리 설계도 전체는 DNA를 말합니다. 그리고 설계도 중에서 일부만을 복사한 종이는 RNA, 이를 토대로 부속품을 만들어 내는 부속품 업체를 리보솜이라고 생각하면 세포 내에서 DNA가 어떤 과정을 거쳐 단백질을 만들어 내는지를 쉽게 이해할 수 있을 거예요.

그런데 아직까지 문제는 남아 있었습니다. DNA를 이루는 염기는 A, T, C, G로 단 네 개뿐인데 단백질을 이루는 아미노산은 모두 20종류나 되었거든요. 물론 DNA가 RNA로 복제되는 과정에서는 티민(T)이 우라실(U)로 바뀌기는 하지만 그래도 RNA를 이루는 염기는 A, U, C, G 이렇게 네 개뿐입니다. 만약 염기 하나가 한 개의 아미노산을 지정한다면 세상의 아미노산은 네 종류밖에 없어야 합니다. 그래서 학자들은 염기 하나하나가 특정 아미노산을 지정하는 것이 아니라 염기들 몇 개가 모여서 하나의 세트로 작용해 특정 아미노산을 지정한다고 생각했습니다. 그리고 이 세트에 포함된 염기들은 최소 세 개 이상이어야 합니다. 두 개의 염기가 한 세트라면 행렬 조합의 법칙에 따라 4×4=16, 즉 16개의 아미노산밖에 만들지 못하는데, 앞서 말했듯이 아미노산의 종류는 모두 20가지였거든요.

아미노산을 만드는 염기 세트가 세 개의 염기로 이루어져 있다는 사실은 1961년 크릭과 브레너(Sydnet Brenner, 1927~)에 의해 제시됩니다. 이들은 실험을 통해 특정 단백질을 만들기 위해 필요한 염기 서열 중에서 하나 혹은 두 개의 염기를 제거하면 전혀 엉뚱한 단백질이 만들어진다는 것을 알아냈습니다. 하지만 세 개를 제거하면 단백질 전체를 구성하는 많은 아미노산 중에서 단 하나의 아미노산만이 사라지고 나머지 아미노산은 모두 그대로인 것도 알아냈지요. RNA의 염기서열은 세 개가 하나의 아미노산 세트로

읽히기 때문에 염기를 한 개나 두 개 제거하면 그 부위를 중심으로 뒤쪽의 염기서열들은 모조리 새로운 세트로 묶입니다. 그렇기 때문에 그에 따라 만들어지는 아미노산의 종류 역시 모두 달라지게 하지만, 세 개가 한꺼번에 빠지는 경우 그 부분만 결손될 뿐 그 이후의 아미노산 세트에는 영향을 미치지 않아 상대적으로 변화가 덜 일어났던 것이죠. 이렇게 하나의 아미노산을 지정하는 세 개의 염기 세트를 우리는 코돈(codon)이라고 부릅니다. 즉, RNA상의 염기 세 개가 하나의 코돈을 형성하고, 코돈 하나는 아미노산 한 개와 대응한다는 것이죠.

염기의 종류가 네 가지이고, 이것들이 세 개씩 세트로 존재하니 코돈의 종류는 $4 \times 4 \times 4 = 64$, 즉 64개가 존재합니다. 하지만 아미노산은 20개뿐이죠. 그렇기 때문에 코돈은 중복될 가능성이 있습니다. 때로는 여러 개의 코돈이 모두 하나의 아미노산을 만드는 신호로 작용하지요. 예를 들어 메티오닌의 경우에는 AUG라는 하나의 코돈에 의해서만 만들어지지만, 아르기닌의 경우에는 AGA, AGG, CGA, CGC, CGG, CGU의 여섯 개의 코돈을 가집니다. 그리고 메티오닌을 만드는 정보를 담고 있는 AUG 코돈의 경우에는 시작 코돈이라고 해서, 리보솜은 기다란 RNA 중 이 AUG 코돈에서부터 단백질 합성을 시작합니다.

그리고 UAA, UGA, UAG의 세 가지 종류의 코돈은 종료 코돈이라고 해서, 리보솜이 RNA의 코돈을 읽으면서 열심히 단백질을

첫 문자 (5말단) ↓	둘째 문자				셋째 문자 (3말단) ↓
	U	**C**	**A**	**G**	
U	UUU UUC **Phe** UUA UUG **Leu**	UAU UAC UUA **Ser** UUG	UAU UAC **Tyr** UAA 종료 UAG 종료	UGU UGC **Cys** UGA 종료 UGG **Trp**	U C A G
C	CUU CUC CUA **Leu** CUG	CCU CCC CCA **Pro** CCG	CAU CAC **His** CAA CAG **Gin**	CGU CGC CGA **Arg** CGG	U C A G
A	AUU AUC **Ile** AUA AUG **Met**	ACU ACC ACA **Thr** ACG	AAU AAC **Asn** AAA AAG **Lys**	AGU AGC **Ser** AGA AGG **Arg**	U C A G
G	GUU GUC GUA **Val** GUG	GCU GCC GCA **Ara** GCG	GAU GAC **Asp** GAA GAG **Giu**	GGU GGC GGA **Gly** GGG	U C A G

합성하다가 이 세 가지 종류의 코돈 중 하나가 등장하면 단백질 합성을 멈춥니다. 즉, 리보솜은 RNA 중에서 AUG 코돈을 시작으로 단백질을 합성하다가 UAA, UGA, UAG 코돈이 나오면 단백질 합성을 멈추는 것입니다. 코돈의 개념이 제시된 이후, 어떤 코돈이 어떤 아미노산과 대응하는지 모두 밝히는 데는 약 6년의 세월이 걸렸습니다. 그리고 이를 밝혀내는 데 지대한 공헌을 한 코라나(Har Gabind Khorana, 1922~)와 니런버그(Marshall Nirenberg, 1927~)는 1968년 노벨상의 주인공이 되었답니다.

DNA는 어떻게 복제되는가?

센트럴 도그마는 단백질은 RNA 정보를 바탕으로, RNA는 DNA 정보를 바탕으로 만들어진다는 내용을 담고 있습니다. 이 세 가지 분자들 중에서 DNA만은 스스로를 복제하는 것이 가능합니다. 특히 세포가 분열할 때, 하나의 모세포로부터 유래되는 두 개의 딸세포는 동일한 유전정보를 가지기 때문에 분열하기 전에 여분의 DNA를 만드는 과정이 필요합니다. 이 과정을 DNA 복제(DNA replication)라고 하지요.

DNA 복제에는 여러 가지 효소가 작용합니다. 이 중에서 가장 특징적인 역할을 수행하는 효소는 헬리카제(helicase)와 DNA 중합효소(DNA polymerase)입니다. 먼저 작용하는 효소는 헬리카제입니다. 아시다시피 핵 속의 DNA는 두 가닥의 DNA가 마주 보고 이중나선형으로 꼬여 있는 모습입니다. DNA가 복제될 때는 이 두 가닥의 가운데 부분이 떨어지면서 각각의 가닥을 중심으로 새로운 가닥이 만들어져 다시 이중나선 구조를 이루기 때문에, DNA가 복제되기 위해서는 먼저 이중나선을 풀어 주어야 합니다. 이때 DNA의 이중나선 구조를 푸는 것이 바로 헬리카제의 역할입니다. 예를 들면 엉키고 꼬부라진 머리카락을 참빗으로 빗어 내듯이 꼬인 DNA를 풀어서 단일 가닥으로 만드는 일을 하는 DNA용 참빗이 바로 헬리카제이지요. 헬리카제는 DNA 복제에서 매우 중요한 작용을 하기 때문에, 헬리카제가 제대로 작용하지 못하면 세포는 복제를 제대로 할 수 없어 손상을 입게 됩니다. 그 대표적인 것이 조로증(早老症)의 일종으로 알려진 베르너증후군입니다. 베르너증후군은 사람의 8번 염색체에 있는 헬리카제 유전자의 이상으로 일어나는 질병이며, 사춘기까지는 정상적으로 성장하지만 그 후로 노화속도가 급격히 빨라져 40대에 이미 완전한 노인처럼 변화하는 질환이지요.

헬리카제가 이렇게 DNA를 한 가닥씩 풀어 놓으면, 이제는 두 번째 중요 효소인 DNA 중합효소가 각 가닥에 달라붙어 DNA를 복제합니다. DNA 중합효소가 달라붙어 다시 DNA를 복제합니다. 그런데 DNA는 한쪽 방향으로만 합성이 가능하기 때문에, 한쪽 DNA는 처음부터 끝까지 한 줄로 이어져 만들어지지만, 다른 쪽은 조각조각 만들어서 나중에 잇는 방식으로 만들어진답니다. DNA 복제 시에 이처럼 한쪽 부위는 작은 조각들이 이어지는 형태로 만들어지기 때문에 한 번 복제할 때마다 DNA 끝 부분이 조금씩 잘려지게 됩니다.

그래서 정상적인 세포는 복제할 때마다 잘려져 나가는 DNA의 양쪽 끝 부분에는 유전자가 아니라 텔로미어(telomere)라고 부르는 의미 없는 염기 가닥들을 위치시켜, 복제 시 잃어버리는 끝 부분으로 인해 유전자가 손상되는 것을 막습니다. 하지만 이 방법도 결국은 임시방편이어서 DNA를 계속해서 복제하다 보면 어느 순간 텔로미어가 위험 수준으로 짧아지게 되는데, 이렇게 되면 세포는 분열을 멈추고 자연스럽게 죽음을 맞이합니다. 연구 결과, 정상적인 인간의 세포가 약 70~100회 정도 세포분열을 한다면 — 즉, DNA를 70번 내지 100번 복제하면 — 더 이상 분열되지 않고 죽어 버리는데, 이렇게 정해진 분열 횟수를 발견자의 이름을 따서 헤이플릭 한계(Hayflick's limit)라고 합니다. 세포가 유한한 생명력을 가지게 되고 사람 역시 영원히 살지 못하는 것은 바로 이 헤이플릭 한계 때문입니다. 그렇다고 헤이플릭 한계를 없앤다고 해서 생명이 연장되느냐 하면 그렇지는 않은 것 같습니다. 헤이플릭 한계를 넘어서 무한정 분열을 거듭할 수 있는 세포들을 우리는 암세포(cancer cell)라고 부르니까요. 암세포들은 돌연변이로 인해 텔로미어의 길이가 짧아지지 않게 하는 효소인 텔로머라제(telomerase)를 가지고 있기 때문에 영원히 분열을 거듭한답니다.

센트럴 도그마의 의의와 깨어진 센트럴 도그마

많은 학자들의 연구 끝에 크릭이 제시했던 센트럴 도그마 개념이 분자생물학의 중심 개념으로 자리 잡게 됩니다. 즉, 분자생물학의 교리가 된 것이죠. 센트럴 도그마 개념의 확립이 가지는 의미는 단지 DNA가 단백질로 변하는 과정을 보여 주는 것만이 아닙니다. 센트럴 도그마라는 개념의 확립은 기존에 영혼(靈魂) 혹은 생기(生

氣)가 깃들어서 이루어진다고 생각했던 생명 활동을 DNA나 RNA 와 같은 핵산이나 단백질처럼 구체적인 화학적 존재들로 설명할 수 있게 되었기 때문입니다. 이는 결국 생명체가 가진 특성들을 연구하기 위해서 그들이 지닌 단백질 혹은 핵산들을 파악하는 환원주의적인 접근을 가능하게 했다는 것을 의미합니다. 즉, 유전질환이란 가혹한 운명으로 저주받은 천형(天刑)이 아니라, 그저 유전물질 상에서 우연히 일어난 돌연변이에 의한 것이라는 개념이 만들어진 것입니다. 이런 개념은 더 나아가 유전자 속의 돌연변이를 바로잡게 되면 유전질환 역시 고칠 수 있다는 가능성을 낳게 됩니다. 그래서 시작된 것이 바로 유전자 치료(gene therapy)인 것이죠.

또한 생명체의 유전정보가 DNA에 담겨 있다는 것은 어떤 생물의 특성과 그 특성을 나타나게 하는 유전자를 짝지을 수 있다는 의미입니다. 그리고 결국에는 유전자를 이리저리 자르고 이어 붙이는 과정을 통해 어떤 생물체에게서 존재하던 특성을 없애거나, 없던 특성을 새로 만들어 주는 일, 즉 유전자 재조합 기술을 탄생시킵니다. 유전자 재조합은 평범한 세균에 불과했던 대장균이 인슐린이나 성장호르몬을 만들어 내게 했고, 사람의 유전자가 주입된 쥐와 염소와 돼지를 만들어 동물실험, 인간 단백질 추출, 이식용 장기 생산 등에 이용할 수 있게 했어요. 이제 우리 주변에서 이전에는 전혀 존재하지 않던 '인간의 손을 거친 생명체'를 만나는 것은 그리 어렵지 않은 일입니다. 한 조사에 따르면, 현재 미국에서 재배되는 콩의 50%와 옥수수의 27%가 유전자 재조합 작물이라고 합니다. 우리나라의 경우 이 두 작물의 수입 비중이 매우 높기 때문에, 우리는 거의 매일같이 유전자 재조합 작물을 접하고 있고 또 먹고 있는 셈입니다. 이처럼 유전자 재조합은 이제 우리 생활 속 깊숙이 파고들었답니다.

센트럴 도그마 개념의 확립으로 생명은 한번 태어나면 더 이상 손댈 수 없는 존재가 아니라 인간의 기술과 능력으로 얼마든지 개입이 가능한 존재로 바뀌게 됩니다. 이는 나아가 생물을 정교하게 움직이는 기계의 일종으로 보는 시각이 나타나는 데 일조했고, 인간 역시 마찬가지의 존재로 보는 시각까지 탄생시키게 됩니다. 생물체를 생존기계로 보는 시각은 센트럴 도그마의 확립과 밀접한 연관을 맺고 있답니다.

기본적으로 센트럴 도그마는 현대 분자생물학의 근간이 되는 개념입니다. 하지만 모든 생명 활동이 센트럴 도그마에 의해서만 이루어지는 것은 아닙니다. 생명이란 참으로 다양한 가능성을 지닌 존재인 탓인지, 생명체들은 때때로 센트럴 도그마에 정면으로 도전하는 행위들도 서슴지 않는답니다. 그중 대표적인 것이 바이러스의 역전사 과정과 광우병의 원인으로 지목되는 프리온입니다.

먼저 센트럴 도그마에 정면으로 반박했던 '발칙한' 바이러스에 대해 살펴보기로 하지요. 바이러스(virus)란 사실 참 독특한 존재입니다. 바이러스란 말 자체가 'virulent(독성을 지닌, 맹독의)'라는 단어에서 유래되었듯이 애초에는 생명체가 아니라 독성 물질로 취급받았습니다. 바이러스의 존재가 처음으로 기록된 것은 1892년입니다. 당시 러시아의 과학자 이바노프스키(Dmitri Ivanovsky, 1986~1920)는 담배에서 모자이크병을 일으키는 물질을 찾아내기 위해 병든 담뱃잎을 갈아 세균여과기로 걸러 내었습니다. 세균여과기는 모든 종류의 세균을 걸러 낼 수 있는 아주 치밀한 체입니다. 실험 결과 모자이크병을 일으키는 원인은 세균여과기를 통과할 수 있을 정도로 아주 작은 물질이라는 사실을 알아냈습니다. 곧이어 1898년에는 독일의 과학자들이 동물에게서 구제역이라는 질병을 일으키는 원인 역시 세균여과기를 통과할 수 있는 아주 작은 물질이라는 것을 알아냅니다. 세균보다 더 작고 병을 일으킬 수 있는 이 존재는 오랫동안 미지의 물질이었습니다. 초기에는 이것의 크기가 너무 작아 생명체가 아니라 생명체가 내뿜은 독소라고 여겼을 정도였죠. 바이러스란 이름이 '독(毒)'이라는 뜻을 가지게 된 것은 바로 이런 이유 때문입니다.

드디어 밝혀진 바이러스의 정체, 그리고 레트로바이러스

바이러스의 정체가 밝혀진 것은 약 반세기가 지나서였습니다. 1935년 미국의 스탠리(Wendell Stanley, 1904~1971)가 담배모자이크병을 일으키는 원인물질을 분리해 내는 데 성공했습니다. 분리된 물질은 핵산과 단백질로 이루어져 있었습니다. 그리고 1952년에 허시(Alfred Day Hershey, 1908~1997)와 체이스(Martha Chase, 1927~2003)는 바이러스를 살아 있는 세포에 뿌려 주면 핵산만이 세포 안으로 침투하고 단백질은 외부에 남는다는 것을, 1956년에 셔먼(Sherman)은 바이러스에서 분리해 낸 핵산을 살아 있는 세포에 뿌려 주면 세포 안으로 침투하여 증식되는 것을 발견합니다. 반세기 전 이바노프스키가 발견한 작은 '독'은 핵산과 단백질로 이루어져 있고, 세포 속에 침입하여 증식이 가능한 '살아 있는' 존재라는 사실이 밝혀진 것이죠.

참고로 바이러스가 정말로 '생명체'인지에 대한 논란은 아직까지 계속되고 있습니다. 왜냐하면 바이러스는 스스로 DNA 복제나 증식을 하지 못하고 살아 있는 세포에 침투하였을 경우에만, 그것도 숙주세포가 가지고 있는 복제 기구들을 그대로 이용하여 자신을 대신 복제하도록 조작하기 때문입니다. 숙주세포에 침투하지 못하고 환경에 노출되어 있는 바이러스는 그저 단백질 껍데기를 두른 핵산 조각일 뿐, 어떠한 생명 활동도 드러내지 않습니다. 하지만 많은 학자들은 비록 바이러스가 스스로 증식하지는 못하더라도 살아 있는 세포 내로 유입되었을 경우에는 생명체와 비슷한 활동들을 하기 때문에 일반적으로 생명체로 간주합니다.

20세기 중반, 학자들은 바이러스를 연구하면서 특이한 점을 발견합니다. 바이러스를 제외한 생명체의 세포 안에서는 DNA,

RNA, 단백질이 동시에 발견됩니다. 앞서 말했듯이 센트럴 도그마에 의해 세포가 생명 활동을 유지하기 위해서는 이 세 가지 물질이 반드시 필요하지요. 그런데 이상하게도 바이러스 중에는 아무리 봐도 DNA가 없고, RNA와 단백질만으로 이루어진 것들이 발견되곤 했습니다. 보통의 생명체에서 RNA는 DNA가 없으면 만들어질 수도 없고 의미도 없습니다. 그런데 DNA가 없는 생명체라니요. 학자들은 고민에 빠지게 됩니다. 도대체 이를 어떻게 설명해야 할까요?

결국 학자들은 오랜 연구 끝에 이 이상한 바이러스의 정체를 알아냈습니다. 이들은 유전정보를 DNA가 아닌 RNA 형태로 가지고 있었고, 숙주세포에 침투한 경우에는 자신들이 가지고 있는 RNA에서 거꾸로 DNA를 만들어 내어 이 DNA 조각을 숙주세포의 DNA 속에 은근슬쩍 끼워 넣어서 숙주세포가 바이러스의 DNA를 복제하도록 만듭니다. 이렇게 RNA에서 DNA를 만들어 내는 일을 역전

레트로바이러스의 일종인 HIV. 인간의 면역계를 공격하여 에이즈를 일으키는 치명적인 바이러스입니다.

사(reverse transcription)라고 하는데, 이런 일이 가능한 것은 이 바이러스들이 RNA에서 DNA를 만들어 낼 수 있는 특수한 효소, 즉 역전사 효소(reverse transcription enzyme)를 가지고 있기 때문이랍니다. 그래서 이처럼 역전사 효소를 가져 역전사가 가능한 바이러스들을 레트로바이러스(retrovirus)라고 이름 붙였습니다. 'retro'란 '뒤로'란 뜻을 가지고 있거든요.

레트로바이러스는 인체에 침입하여 종양이나 질병을 일으킬 수 있는데 백혈병을 일으키는 HTLV-I이나 에이즈를 일으키는 HIV 등이 레트로바이러스에 속하는 대표적으로 바이러스들입니다. 바이러스 중에는 이처럼 RNA를 유전물질로 가지고 세포 내에 유입되어 역전사를 일으키는 바이러스 종류들이 꽤 많습니다. 레트로바이러스 종류 외에도 장염을 일으키는 로타바이러스(리오바이러스류), 간염을 일으키는 간염바이러스(피코르나바이러스류), 감기나 사스의 원인이 되는 코로나바이러스류, 조류독감 바이러스(오소믹바이러스) 등이 역전사가 가능한 대표적인 RNA 바이러스들이랍니다.

센트럴 도그마의 권위에 도전한 '발칙한' 프리온

두 번째로 감히 센트럴 도그마의 권위에 도전한 '발칙한' 존재는 바로 프리온(prion)입니다. 프리온의 존재는 아주 오래도록 베

★ 조류독감, 정말로 인간은 안전한가?

몇 년 전부터 조류독감의 발병으로 닭과 오리를 대량으로 살처분했다는 뉴스를 심심치 않게 들을 수 있습니다. 그리고 이런 소식이 들리면 뒤이어 닭과 계란의 판매가 뚝 떨어지기 때문에, 양계농가의 소득 보전을 위해 정치적·사회적 영향력이 있는 사람들이 줄줄이 나와서 삼계탕이나 닭볶음탕을 먹는 모습을 보여 주곤 하지요. 조류에게는 치명적이지만 인간에게는 그다지 큰 피해를 주지 않는다고 알려진 조류독감. 과연 인간은 정말로 안전한 것일까요?

조류독감에 걸린 닭.

먼저 조류독감이 무엇인지 알아봅시다. 조류독감이란 말 그대로 조류, 즉 새들에게 유행하는 독감으로 조류 인플루엔자 A형 바이러스(Avian influenza virus type A)라는 바이러스에 의해 발병하는 질환이지요. 닭이 이 바이러스에 감염되면 벼슬이 파랗게 변하는 청색증 현상과 함께 머리 부분이 부어오르고 사료를 잘 먹지 않으며 암탉은 알을 잘 낳지 못하게 되다가, 심해지면 폐사에 이릅니다.

조류독감은 오래전부터 존재했던 병이지만, 그 심각성은 최근 들어 전면적으로 부각되고 있습니다. 그 이유는 근대식 대량사육 시스템에서는 한정된 사육사에서 한꺼번에 수많은 개체들을 대량으로 키우다 보니 조류독감처럼 공기 중으로 전염되는 질병의 경우, 일단 바이러스가 출현하면 집단 전체로 퍼져 나가는 것은 순식간의 일이죠. 이 조류독감의 원인은 오소믹소바이러스(Orthomyxovirus)의 일종으로 알려져 있습니다. Myxo는 그리스어에서 온 말로 끈적끈적한 점액(mucos)를 의미하는 말입니다. 생명체가 원활하게 호흡을 하기 위해서는 코, 입, 기관지, 폐 등의 호흡기가 늘 점액으로 축축하게 젖어 있어야 합니다. 이 오소믹소바이러스들은 이런 호흡기에 주로 감염을 일으키기 때문에 붙여진 이름이지요.

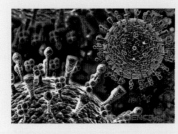

조류독감 바이러스의 모습. 바이러스 표면의 뾰족한 돌기들이 바로 HA와 NA로 이를 이용해 세포 속으로 침투하게 됩니다. 그리고 다양한 종류의 HA와 NA 중 H5N1이 병원성이 가장 강한 바이러스로 꼽히지요.

이 오소믹소바이러스들은 크기가 80~120nm 정도의 유전물질로 RNA를 가지며, 이 RNA를 둘러싸고 있는 뉴클레오캡시드(nucleocapsid)에 엔벨롭(envelop)이라는 껍데기가 둘러쳐진 형태입니다. 그런데 벨롭에는 못처럼 생긴 hemagglutinin(HA)과 neuraminidase(NA)이라는 물질이 촘촘히 박혀 있습니다. 이들이 바로 숙주세포의 표면에 달라붙어 바이러스를 숙주로 침투시키는 일종의 스파이크 역할을 하게 되는 것이죠. 바이러스는 표면에 있는 HA와 NA라는 일종의 스파이크로 숙주세포를 콱 찍어 내부로 자신의 유전물질을 집어넣어 숙주세포를 자기 것으로 만들 준비를 합니다. 조류독감 바이러스의 표면에 존재하는 HA는 16종, NA는 9종이 알려져 있는데, 조류독감 바이러스는 HA와 NA를 한 개씩 가지므로, 이론상으로는 16×9=144, 즉

144가지 종류의 조류독감 바이러스가 존재할 수 있습니다. 이중에서 가장 무서운 종류는 HA 5번과 NA 1번을 가지고 있는 H5N1 바이러스로, 이 바이러스가 현재 일어나고 있는 거의 모든 조류독감 집단 발생의 원인으로 지목되고 있지요.

오랫동안 조류독감은 인간에게는 무해한 것으로 알려져 있었습니다. 그 이유는 조류독감의 원인이 되는 바이러스들은 조류의 호흡기 세포에 존재하는 효소와 작용하여 질병을 일으키는데, 인간의 폐에는 그런 효소가 없기 때문이었지요. 그러나 몇 년 전부터는 이런 믿음을 흔들리게 하는 일들이 벌어지고 있습니다. 1997년 홍콩에서 처음으로 조류독감에 감염된 희생자가 나온 이래, 2006년 7월까지 전 세계적으로 229명이 감염되어 그중 131명이 사망하였다고 알려져 있습니다. 즉, 치사율이 57%인 것입니다. 중세유럽을 붕괴시켰던 흑사병의 치사율이 30~70%, 무시무시한 질병의 대명사로 여겨지는 천연두의 치사율이 50% 정도였다고 합니다. 이와 비교했을 때 사람에게도 전염되는 조류독감이 대규모로 유행한다면 어떤 끔찍한 일이 벌어질지는 상상하기조차 싫습니다.

원래 조류독감을 일으키는 바이러스는 사람의 독감 바이러스와는 달라서, 조류의 세포에만 감염될 수 있는 바이러스입니다. 이렇게 대부분의 바이러스는 특정 종류의 종(種)에게만 특화된 종특이성(highly species-specific)을 갖기 때문에 특정 종에게는 위협적인 바이러스라도 다른 종에게는 영향을 미치지 않는 경우가 많습니다. 하지만 바이러스는 돌연변이가 매우 잦은 개체이기 때문에, 갑자기 어느 순간 돌연변이가 생겨나 종특이성이 무너지는 경우가 발생할 가능성도 있답니다. 그래서 가끔 조류독감 바이러스가 인간에게 전염되는 경우도 있는데, 이런 경우 인간은 이 바이러스에 대한 저항력이 전혀 없기 때문에 치사율이 매우 높게 나타나는 것이죠.

조류독감 바이러스가 돌연변이를 일으켜 인간에게 감염되는 메커니즘을 설명하기 위한 연구를 하는 학자들이 많이 있습니다. 그중에서 흥미로운 것은 로버트 웹스터(Robert Webster) 박사와 케네디 쇼트리지(Kennedy Shortridge) 박사의 주장으로, 그들은 조류독감과 인간 사이의 넘지 못할 장벽을 무너뜨린 것이 바로 돼지라고 말합니다. 왜냐하면 돼지는 조류독감 바이러스와 인간독감 바이러스에 동시에 감염될 수 있기 때문입니다. 그들의 가설은 이렇습니다. 닭과 돼지가 동시에 사육되는 농장에서 우연히 닭은 조류독감에, 사람은 독감에 걸렸고, 둘의 몸속에서 나온 바이러스들이 동시에 돼지에 유입되었습니다. 이런 경우는 극히 드물겠지만, 만약 이런 일이 일어난다면 돼지의 몸은 바이러스들의 공동 인큐베이터가 되고 이 과정에서 바이러스들끼리의 유전자 재조합이 일어난 것이지요. 술집에서 우연히 만난 사람들이 친구가 되면서 서로의 나쁜 술버릇을 배우는 것처럼, 돼지 몸에서 만난 조류독감과 인간독감의 바이러스들이 서로의 유전정보를 교환하여 새로운 돌연변이 바이러스가 생겨날 수 있습니다. 조류와 인간에게 모두 감염될 수 있고, 그 효과 또한 치명적인 바이러스가 말이죠.

그렇다고 해서 조류독감이 발생했을 때 닭과 달걀을 먹지 않는 것이 최선책은 아닙니다. 이들을 먹을 때 완전히 익혀 먹는 습관을 들이면 큰 문제가 되지 않거든요. 조류독감 바이러스는 끓는 물에 팔팔 끓이거나 튀기면 죽기 때문에 닭고기는 완전히 익혀서 먹고, 달걀도 완숙으로 요리해 먹으면 큰 문제가 되지 않습니다. 조류독감이 발생했다고 해서 맛있는 닭고기와 달걀을 모조리 끊을 것이 아니라, 더 철저히 가열하고 생닭과 날달걀이 닿았던 조리도구를 깨끗이 씻어서 조리한다면 평소처럼 맛있는 요리를 즐길 수 있습니다.

일에 싸여 있었어요. 프리온이라는 단어는 미국의 생물학자 스탠리 프루시너(Stanley B. Prusiner, 1942~)가 1982년에 「사이언스」에 논문을 발표하면서 만든 말입니다. 프루지너는 뉴기니의 포레 부족에게 주로 관찰되었던 질병인 쿠루병과 아주 드물게 일어나는 질환인 크로이츠펠트야콥병(CJD)을 일으키는 원인이 바이러스나 세균이 아니라 '단백질성 감염 입자(proteinaceous infectious particle)'라는 일종의 단백질이라고 주장하며, 이를 프리온이라고 명명합니다.

프리온은 이름은 '감염성 입자'이지만 바이러스처럼 완전히 외부에서 유래된 존재는 아닙니다. 사실 인간을 비롯해 모든 포유류의 중추신경계 속에는 프리온 입자들이 들어 있습니다. 프리온이 어떤 역할을 하는지 정확히 알려져 있지는 않지만, 최근 글렌 밀하

★ 프리온과 쿠루병

1950년대, 태평양의 평화로운 섬 뉴기니에 사는 포레(Fore)족 사이에서는 쿠루(Kuru)라는 이름의 치명적인 질환이 유행하고 있었습니다. 쿠루 증상을 나타낸 이들은 예외 없이 모두 전신의 근육이 모두 굳어 죽어 갔습니다. 쿠루의 원인은 아무도 알지 못했습니다. 다만 쿠루에 걸려 죽은 이들을 부검해 보면 스펀지처럼 뇌에 구멍이 뚫려 있다는 사실만이 알려져 있을 뿐이죠. 전 세계의 모든 민족 중에서 유독 포레족에게서만 쿠루라는 독특한

질병이 나타난 이유는, 포레족이 가지고 있던 식인(食人) 의식 때문이었습니다. 포레족은 쿠루에 걸려 죽은 사람의 몸을 먹음으로 인해 다시 쿠루에 걸리는 악순환을 되풀이하고 있었던 것이죠. 비록 쿠루를 일으키는 원인물질은 찾지 못했지만, 쿠루의 감염 경로를 파악한 이상 쿠루를 예방하는 것은 비교적 쉬운 일이었습니다. 사람을 먹지 않으면 되었으니까요. 실제로 식인 습관이 사라지자 포레족을 괴롭히던 쿠루 역시 자취를 감추었습니다.

쿠루병에 걸린 포레족 아이의 모습.

당시 사람들은 이제 쿠루는 지구상에서 영원히 사라졌다고 생각했지요. 그러나 1985년 2월, 제이로라는 이름의 젊은 청년의 사망 원인을 밝히기 위해 시체를 부검했던 의사들의 얼굴이 어두워졌습니다. 제이로의 뇌는 스펀지처럼 구멍이 뚫려 있어서 마치 쿠루로 죽은 사람의 뇌와 비슷했습니다. 그리고 비슷한 시기, 제이로와 마찬가지로 뇌에 구멍이 뚫리는 질환으로 인해 사망한 사례가 전 세계적으로 약 80건 정도가 보고되었습니다. 도대체 무엇이 건강한 젊은이들의 뇌에 구멍을 뚫어 버렸을까요?

학자들은 이들의 공통점을 통해 그 원인을 찾아내려 노력했습니다. 조사 결과, 뇌에 구멍이 뚫려 사망한 이들은 모두 어릴 적 왜소증으로 인해 사체에서 추출한 인간성장호르몬을 투여 받은 적이 있었습니다. 인간의 뇌 추출물

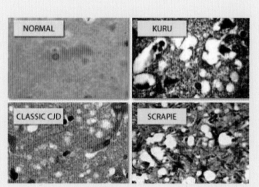

정상인(왼쪽 위)과 프리온에 의해 유발되는 질병(오른쪽 위부터 시계 방향으로 쿠루에 걸린 사람, 스크래피에 걸린 양, 크로이츠펠트야콥병 환자)에 걸린 이들의 뇌 사진. 정상인의 뇌가 분홍색으로 보이는 뇌세포들로 빈틈없이 들어차 있는 것과는 달리, 프리온 질병에 걸린 개체들의 뇌는 뇌세포가 죽어 스펀지처럼 하얀 구멍이 뚫려 있는 것을 볼 수 있다.

을 이식받는 과정에서 우연히 기증자의 뇌 속에 있던 무언가가 이들에게 쿠루를 옮겼던 것입니다. 키를 크게 하고 몸을 자라게 하는 자극물질인 인체성장호르몬은 1920년에 이반스와 롱(Evans & Long)에 의해 처음 발견된 이후, 이 물질을 투여하면 왜소증을 가진 저신장 아이들의 성장에 도움이 된다는 사실이 밝혀졌습니다. 따라서 1956년에 최초로 인체성장호르몬이 임상적으로 사용된 이후, 왜소증에 걸린 수많은 아이들에게 성장호르몬 치료요법이 처방되었지요. 그리고 이들 중 일부에서 쿠루 증상이 나타났습니다. 이로 인해 인간의 뇌에 구멍이 뚫리게 하는 질환들은 인간의 뇌조직에 직접 접촉할 때 일어날 수 있는 질병이라는 사실이 알려졌답니다.

우저(Glenn Millhauser) 교수진의 연구에 따르면, 프리온은 체내의 구리 이온의 농도를 일정하게 유지시켜 주는 역할을 하는 단백질일 것으로 추측되고 있습니다. 구리 이온은 체내에서 중요한 역할을 하는 금속 이온이지만, 단백질과 결합되지 않고 혼자서 떠돌아다니는 구리 이온은 인체에 해를 끼칩니다. 구리 대사에 이상이 생기는 유전질환인 윌슨병 환자의 경우, 구리 이온이 간, 뇌, 안구 등에 축적되어 간염, 간경변, 부종, 복수, 신경 장애, 신장병 등이 나타나며, 치료하지 않고 방치하면 생명이 위독해질 수 있습니다. 프리온은 바로 이 구리 대사에 작용하여 체내의 구리 이온 농도를 일정하게 유지하도록 도와주는 역할을 하는 것은 아닌가 추측됩니다.

프리온의 역할은 아직 분명하게 알려져 있지 않지만, 프리온이 질병을 일으키는 메커니즘은 알려져 있습니다.

보통의 프리온은 포유동물의 신경계에 존재하며 해로운 영향을 미치지 않습니다. 그런데 돌연변이로 인해 모양이 바뀐 변형 프리온은 신경세포를 파괴하는 독성을 지닙니다. 이런 돌연변이는 체내에서 극히 드물게 일어나지만 한번 일어나게 되면 프리온이 지

정상 프리온   변형 프리온 (추정)

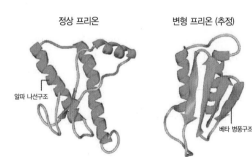

알파 나선구조

베타 병풍구조

정상 프리온과 변형 프리온의 분자 구조의 차이. (사진 출처 : 동아사이언스)

닌 특성상 정상적인 단백질과 결합하여 이를 변형시킵니다. 때문에 결국에는 몸속에 존재하는 모든 프리온이 변형 프리온으로 변화하게 되어 신경계가 파괴됩니다. 원래 프리온의 돌연변이는 지극히 드물게 일어나는 현상이기 때문에 변형 프리온으로 인해 발생되는 인간의 질환인 크로이츠펠트야콥병은 100만 명에 1명꼴로 발생하는 희귀질환이었습니다. 물론 돌연변이로 인해 일어나는 질환이었으니 전염되지도 않았고, 병의 진행 속도도 상당히 느려서 환자들의 나이는 평균 60대였습니다.

프리온이 문제가 된 것은 1980년대 들어 영국에서 힘없이 주저앉고 정신을 차리지 못하는 미친 소, 일명 광우병[정식 명칭은 소의 해면상 뇌증(bovine spongiform encephalopathy, BSE)입니다]에 걸린 소들이 발견되면서부터입니다. 연구 결과 광우병을 일으키는 원인 물질이 바로 변형된 프리온이며, 이는 역시 프리온 유발 질병인 스크래피에 걸린 양에게서 전염된 것이라는 사실이 밝혀집니다. 1996년에는 인간에게 기존의 CJD와는 조금 다른 형태의 CJD에 걸린 환자들이 보고되었습니다. 증상은 CJD와 유사했지만, 환자들의 평균 연령이 20~30대의 젊은이들이었고, 모두 소를 키우는 농장에서 일하는 사람들이었으며, 병의 진행 속도가 무척이나 빠르다는 특징을 지녔습니다. 그래서 사람들은 이 질환에 변형된 크로이츠펠트야콥병, 즉 vCJD라는 이름을 붙여 주었지요. 조사 결과 vCJD는 광우병에 걸린 소의 프리온이 인체 내로 유입되어 일어나는 질환임이 밝혀졌고, 이로 인해 쇠고기의 안전성 문제가 국제적인 현안으로 떠오르게 됩니다.

광우병과 CJD를 일으키는 변형 프리온은 보통의 단백질이 DNA에서 RNA를 통해 내보낸 정보가 리보솜에서 합성되는 것과는 달리, 스스로가 단백질이면서도 다른 정상 프리온들을 변형시켜 변형 프리온들을 양산하기 때문에 센트럴 도그마를 흔드는 또 다른 예로 지목되고 있습니다.

유전자 재조합 시대의
도래

희망과 공포를 동시에 가져온 미래의 기술

앞서 말했듯이 유전물질인 DNA의 구조 발견과 센트럴 도그마의 확립은 유전자를 이용해 인간이 직접 생명체의 특성에 손댈 수있다는 가능성을 불러 일으켰습니다. 그리하여 등장한 개념이 유전자 재조합(genetic recombination)이지요. 흔히 '유전자 조작'이라는 말을 더 많이 사용하지만, '조작'이라는 단어가 갖는 부정적어감을 피하고자 이 책에서는 유전자 재조합이라는 단어를 사용할 것입니다.

유전자 재조합이란 말 그대로 원래 자연 상태에서 존재하는

DNA가 아니라, 서로 다른 세포에 존재하는 유전자나 인공적으로 합성된 유전자를 벡터 등의 운반체에 실어서 기존의 DNA 속에 끼워 넣어 이전에는 존재하지 않던 새로운 유전자 조합을 만들어 내는 것을 의미합니다. 예를 들어 농사꾼에게 농작물의 해충은 골치 아픈 존재입니다. 그냥 놔두자니 작물을 모조리 먹어 치워 해를 끼치고, 그렇다고 살충제를 뿌리자니 살충제 자체의 독성도 만만치 않으니까요. 이럴 때 작물이 스스로 알아서 해충으로부터 자신을 보호할 수 있다면 얼마나 좋을까요?

그런 바람이 만들어 낸 것이 바로 '해충 저항성 작물'입니다. 학자들은 미생물의 일종인 바실러스 투링지엔시스(Bacillus thuringiensis)에 주목했습니다. 이 미생물은 곤충을 죽이는 독소(Bt-endotoxin)를 가지고 있었거든요. 학자들은 이 미생물을 연구하여 곤충을 죽이는 독소를 만드는 유전자를 찾아내어 이 유전자에 'Bt 유전자'라는 이름을 붙여 주었습니다. 이렇게 찾아낸 Bt 유전자를 옥수수의 DNA 속에 끼워 넣으면, 해충의 습격에도 끄떡없는 튼튼한 옥수수를 만들 수 있습니다.

병충해에 강한 옥수수를 만드는 과정을 간단하게 요약해 보면 먼저 바실러스균의 DNA에서 Bt 독소를 만드는 유전자를 잘라 낸 뒤에, 옥수수의 DNA에 Bt 독소 유전자를 끼워 넣어 이를 매끈하게 붙여 주는 과정이 필요합니다. 또한 이때 살아 있는 옥수수 세포의 핵 속 깊은 곳에 존재하는 DNA까지 Bt 독소를 전달해 줄 운반체가 필요합니다. 즉, 유전자 재조합 과정을 위해서는 DNA를 마음대로 자르고 이어 붙일 수 있는 DNA 전용 가위와 풀, 그리고 유전자 운반체가 필요하답니다.

먼저 발견된 것이 DNA 전용 풀입니다. 1967년 마틴 겔러트와 밥 레먼은 서로의 연구소에서 각각 조각난 DNA를 이어 붙일 수 있는 DNA 전용 풀로 작용하는 효소를 찾아내었고, 이 효소에 DNA 리가아제(ligase)라는 이름을 붙여 줍니다. 조각난 DNA들에 리가아제를 처리하면 이들은 서로 달라붙어 하나의 긴 DNA를 형성하게 되지요. 그 다음에 발견한 것이 DNA 전용 가위입니다. 사실 그 전에도 DNA를 자르는 역할을 하는 효소는 알려져 있었으나 그 효소는 DNA를 자른다기보다는 토막을 내는 것에 가까울 정도로 DNA를 무작위로 잘게 잘라 버리기 때문에 유전자 재조합에서는 별로 쓸모가 없었지요. 하지만 1970년, 스미스(Hamilton Othanel Smith, 1931~)와 네이선스(Daniel Nathans, 1928~1999)에 의해 개발된 DNA 가위인 제한효소는 매우 유용한 물질이었습니다.

제한효소의 발견은 세포들이 지닌 특성을 연구하는 과정에서 이루어졌습니다. 사실 정상적인 세포들은 외부에서 DNA가 들어오는 것을 극히 꺼려합니다. DNA는 유전물질이기 때문에 외부에서 DNA가 세포 안으로 침입하는 것을 허용했다가는 DNA 정보가 교란되어 버릴 위험이 있기 때문입니다. 그래서 대부분의 세포들은 외부에서 DNA가 유입되면 이 DNA를 잘라 버려 불활성화시키는

[그림] 제한효소의 일종인 EcoRI이 DNA를 절단하는 과정

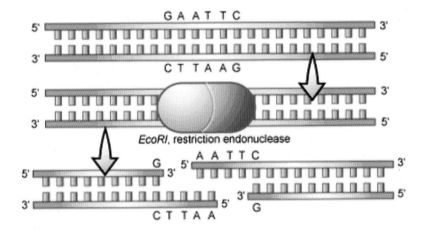

EcoRI, restriction endonuclease

효소를 가지고 있습니다. 여기서 의문이 하나 생깁니다. 그렇다면
세포는 도대체 어떻게 자신의 DNA와 외부에서 유입된 DNA를 구
별하는 걸까요? 효소에 눈이 달린 것도 아닐 텐데, 이 효소는 어떻
게 자신의 DNA는 그대로 두고 외부에서 들어온 침입자 DNA만을
잘라 버리는 걸까요?

이 의문은 DNA상의 특정 염기 서열만을 인식해서 자르는 효소
인 제한효소(restiction enzyme)의 발견으로 해소되었습니다. 세포
들은 여러 종류의 제한효소들을 가지고 있는데, 각각의 제한효소
들은 DNA상에서 특정한 염기 서열이 있는 곳을 찾아내 그곳만을
잘라 버리는 선택적 절단 기능을 가집니다. 예를 들어 제한효소의
일종인 EcoRI(이코알원이라고 읽습니다)은 DNA상에 GAATTC라는

염기가 나타나는 부분만을 찾아내 자릅니다. 다른 염기들이 늘어선 곳은 건드리지 않고 정확하게 이 부위만 잘라 내는 것이죠. 이렇듯 제한효소는 DNA를 선택적으로 자를 수 있기 때문에 자신의 DNA는 건드리지 않고(세포는 자신의 DNA 염기서열에 없는 부위를 잘라 내는 제한효소를 가지도록 진화되었습니다) 외부에서 유입된 DNA만을 잘라서 없앨 수 있는 것입니다.

스미스와 네이선스의 발견 이후, 학자들은 더 많은 종류의 제한효소들을 찾아냈고, 이를 이용해 원하는 부위의 유전자만 잘라서 원하는 부위에 갖다 붙이는 것이 가능해졌습니다. 또한 이미 알려져 있던 DNA 중합효소까지 있으니, 이제 유전자를 자르고 이어붙이고 복제하는 과정 전부를 시험관 속에서 인공적으로 할 수 있는 시대가 되었습니다. 본격적인 유전자 재조합 시대가 열린 것이지요. 유전자 재조합 기술이 현실화되자, 이 기술이 가진 무궁한 가능성에 가슴이 두근거린 사람이 있었는가 하면, 이 기술이 지닌 또 다른 이면에 두려움을 느낀 사람도 있었습니다. 1976년, 미국 캘리포니아의 아실로마 센터에 모여든 학자들도 모두 이와 같은 양가적인 생각을 가지고 있었던 사람들이었습니다.

1976년, 아실로마 센터에서는 과학자들의 회의가 열렸습니다. DNA를 자르고 이어 붙이는 효소들이 잇따라 발견됨에 따라 유전자 재조합은 이제 꿈이 아닌 현실이 되었지요. 과학자들은 이제 자신들 손에 놓인 이 기술들을 어떻게 이용해야 할지 고민하기 시작했어요. 생명의 정보가 담긴 DNA에 손을 대는 것이 어떠한 결과를 가지고 올지는 아무도 몰랐기 때문에 가능성에 대한 흥분만큼 두려움도 컸습니다. 유전자 재조합이 가능해졌다는 것은 DNA를 마음대로 자르고 이어 붙이는 것이 가능해졌다는 의미고, 모든 생물은 유전물질로 DNA를 가지므로(RNA 바이러스는 논외로 칩시다) DNA 수준에서 보면 사람의 DNA든 젖소의 DNA든 박테리아의 DNA든 하등 차이가 없다는 것이니까요. 따라서 이론적으로는 사람과 박테리아의 DNA를, 개와 고양이의 DNA를 자르고 이어 붙여서 키메라(chimera)를 만드는 것이 얼마든지 가능하다는 말이됩니다. DNA는 서로가 어느 출신인지를 가리지 않으니까요.

이런 상황이 도래하자 자신들의 호기심만을 위해 물불 안 가리고 뛰쳐나갈 것만 같은 과학자들이 먼저 자신들이 연구하는 것이 과연 정당한가를 두고 자성하는 모습을 보여 줍니다. 그리고 그런 그들의 모습이 드러난 것이 바로 '아실로마 회의(Asiloma Conference)'입니다. 아실로마 회의를 통해 과학자들은 유전자 재조합 연구에 대한 안전 수칙과 지침을 마련했고, 가능하면 전체 생태계에 미치는 영향을 최소로 하는 조건과 실험에 대한 열정을 적절히 조율하는 결과를 가져오는 방법에 대해 논의하게 되지요. 저마다 생각은 달랐지만, 한 가지 점에서는 다들 고개를 끄덕였습니다. DNA를 작게 쪼개다 보면 당의 일종인 디옥시리보오스와 인산, 그리고 염기가 붙은 단순한 유기화합물일 뿐이지만, 이 유기화합물이 반복해서 모이게 되면 '생명'을 만들어 내는 마법의 주문이 되기도 하지요. 그래서 DNA를 다른 유기화합물과는 다르게, 좀더 신중하게 취급해야 한다는 것이었죠.

아실로마 회의를 통해 과학자들의 자성은 이끌어 냈지만, 예상처럼 유전자에 대한 연구는 더욱더 활발해졌습니다. 유전자에 의해서 생물체의 특성이 결정되는 것이라면 생물의 고유한 특징을 알기 위해서는 유전자를 분석하면 된다는 사실에 힘이 더욱 실리게 되죠. 나아가 이렇게 분석한 유전자들을 제한효소와 접합효소로 자르고 붙이면 얼마든지 유전자 재배치가 가능해지니 새로운 특성을 지닌 새로운 품종, 특히나 인간에게 유리한 생물을 얼마든지 만들어 낼 수 있을 것이라는 생각까지 하게 되었답니다. 본격적인 '유전공학'에 대한 꿈에 부풀어 오르기 시작했습니다.

생명공학, 황금알을 낳는 거위가 되다

DNA를 마음대로 잘라서 이어 붙이고 복제하는 일이 가능해지자 뒤이어 등장한 기술이 바로 유전자 재조합을 통한 의약품 생산 기술이었습니다. 특히 인간에게 꼭 필요한 단백질로 이루어진 의약품 생산에 이 신기술이 바로 적용되었지요.

그중에서도 가장 먼저 성과를 거둔 것은 유전자 재조합을 통한 인슐린 생산이었습니다. 인슐린은 췌장의 베타 세포에서 분비되는 호르몬으로 혈액 속에 존재하는 혈당의 양을 조절하는 매우 중요한 단백질의 일종입니다. 만약 췌장에 문제가 있어서 인슐린이 제대로 생산되지 못하면 인간은 당뇨병에 걸리게 됩니다. 인슐린 부족으로 인한 당뇨병 증상을 완화시키기 위해서는 인슐린을 넣어주는 것이 가장 효과적입니다. 하지만 1970년대까지만 하더라도 인슐린의 인공 합성이 어려워서 당뇨병 환자들은 돼지나 소와 같은 동물의 췌장에서 뽑아낸 인슐린을 사용해야 했습니다. 하지만 이렇게 추출되는 인슐린은 생산량이 적기 때문에 가격이 비쌌을 뿐만 아니라, 아무래도 동물의 몸에서 추출된 것이어서 인간과는 맞지 않는 경우가 있었습니다. 때때로 동물 인슐린이 면역거부반응을 일으켜 당뇨병 환자에게 고통을 주는 것은 물론이거니와 심한 경우 사망에 이르기도 했으니까요. 당뇨병은 일단 발병하면 완치가 힘들기 때문에 꾸준히 인슐린을 주입 받아야 하는데, 안전하고도 값싼 인슐린을 얻기란 정말 힘든 일이었지요.

값싸고 안전한 인슐린의 필요성이 점차 커지려는 찰나 유전자 재조합이라는 신기술이 탄생했습니다. 그리고 이 기술에 주목한 생명공학회사가 있었지요. 그 회사의 이름은 '제넨텍(Genentech)'이었습니다. 이들은 유전자 재조합 기술을 이용해 인슐린의 인공합성에 도전합니다. 사람의 인슐린을 대신 만들어 낼 '대신맨'은 사실 너무도 흔한 대장균이었습니다.

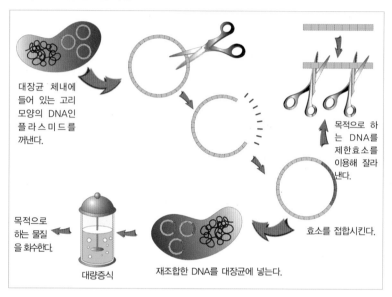

방법은 이렇습니다. 대장균과 같은 세균들은 커다란 중심 DNA 말고도 플라스미드(plasmid)라고 불리는 고리 모양의 작은 DNA를 가지고 있습니다. 중심 DNA가 세포 내에 항상 존재하는 것과는 달리, 플라스미드는 다른 개체로 옮겨 갈 수도 있는 특징을 지닙니다. 세균처럼 무성생식을 하는 생명체들은 이 플라스미드를 통해 유전자의 일부를 서로 주고받으면서 유전적 다양성을 보충하지요. 사람들은 저절로 다른 세균들에 침입하여 스스로를 복제할 수 있는 플라스미드를 인슐린 유전자 운반체로 이용하기로 했습니다. 대장균에서 플라스미드를 추출한 뒤, 유전자 가위인 제한효소로 일부를 잘라 내고, 그 부위에 사람의 인슐린 유전자를 유전자 풀인 리가아제로 단단히 붙입니다. 그리고 이렇게 사람 인슐린 유전자가 들어 있는 플라스미드를 대장균이 들어 있는 배지에 넣고 섞어서 배양시키면, 플라스미드가 알아서 대장균 속으로 들어가 자리를 잡게 됩니다. 이제 우리가 할 일은 사람의 플라스미드가 들어간 대장균을 골라서 영양액에 넣은 뒤, 따뜻한 곳에 놓아두고 대장균이 사람 대신에 인슐린을 만들도록 기다리는 것뿐입니다. 대장균은 보통 20분 만에 한 번씩 분열을 합니다. 그럼 유전자 재조합된 대장균 한 마리는 이론적으로 계산해 보면 1시간 후에는 8마리가 되고 24시간이면 무려 4,722,366,482,869,645,213,696마리로 불어납니다(물론 넣어 준 배지의 양과 대장균이 자랄 수 있는 공간의 부족이 제한요소가 되어 이렇게까지 늘어나지는 않겠지만, 어쨌든 굉장히 빠른 속도로 늘어나는 것만은 사실입니다).

이런 방식을 이용해 제넨텍 사는 마침내 1978년 최초로 대장균에서 인슐린을 합성하는 데 성공했고, 몇 가지 가공을 거쳐 1981년 이를 상업화합니다. 그리고 이로 인해 유전자 재조합 기술을 '신에 대한 도전 혹은 모욕'으로 생각하던 시각도 한풀 꺾였습니다. 신에 대한 도전이든 모욕이든 간에 이 기술로 인해 수많은 환자들의 목숨을 구할 수 있었다는 사실을 무시할 수 없었으니까요. 이 기술의 성공으로 당뇨병 환자들은 희망을 얻게 되었지만, 그 희망이 단지 당뇨병 환자들에게만 국한된 것은 아니었습니다. 이 기술의 성공은 지금까지 '돈 안 되는 일' 중 하나였던 생물학을 순식간에 '황금알을 낳는 거위'로 뒤바뀌게 했거든요. 그전까지 생물학을 연구한다는 것은 돈벌이와는 관계없이 그저 생물학이 좋아서 연구에 자신의 인생을 건다는 느낌이 강했습니다. 이런 생각은 제가 대학에 가던 1990년대 중반까지도 이어졌었지요. 당시 생물학과에 원서를 썼던 저는 왜 하필이면 의대가 아닌 생물학이냐는 소리를 참 많이도 들었습니다. 하지만 최근 들어서는 이 인식이 조금 바뀐 것 같습니다 생물학을 연구하는 것이 돈벌이가 될 수 있다는 생각이 사람들 사이에 조금씩 퍼져 나가고 있으니까요. 그건 제넨텍사에서 인슐린을 인공적으로 합성하는 데 성공한 이래 생겨난, 눈에 보이게 된 가능성입니다. 현재 전 세계적으로 엄청난 규모의 생명공학회사들이 자리를 잡고 있습니다. 그리고 이 회사들이 벌어들이는 매출 역시 어마어마하지요. 특히나 인슐린이나 성장호르몬 같은 인체에 꼭 필요한 단백질을 합성하는 것과 유전자 재조합 농산물을 만들어 내는 분야에 엄청난 시장이 형성되어 있답니다.

유전공학의 아수라 백작, 포메이토

그러고 보니 생각나는 것이 있네요. 제가 초등학생이던 1980년대에는 '유전공학'이 새롭게 떠오르는 최첨단 분야로 각광받았습니다. 대학마다 유전공학과가 신설되었고, 유전공학의 발달이 식량이나 의료 문제를 모두 해결해 줄 것이라는 기대가 팽배했던 시기였던 것으로 기억합니다. 그리고 그런 유전공학에 대한 기대를 대표하는 말이 바로 '포메이토(pomato)'였습니다.

포메이토는 말 그대로 감자(potato)와 토마토(tomato)의 합성어로, 뿌리에는 감자가 여물고 가지에는 토마토가 열리는 '꿈의 작물'이었습니다. 이는 한 나무에서 두 가지 열매가 동시에 열리기 때문에 두 배의 소출을 올릴 수 있다는 이야기입니다. 따라서 유전공학이 발달하면 인류가 식량 부족으로 걱정할 일은 전혀 없을 것이라는 희망을 주었지요. 당시 포메이토에 대한 기대는 엄청나서 학교에서 '미래 과학 그림 그리기 대회'라도 하게 되면, 포메이토를 들고 흐뭇해하는 과학자의 모습을 그리는 아이들이 한 반에 몇 명씩은 꼭 있었지요. 저도 당시 유전공학에 덧씌워진 이미지에 반해서 커서 반드시 훌륭한 '유전공학자'가 되겠다고 결심하곤 했답니다.

그러나 언젠가부터 '포메이토'라는 이름은 슬그머니 세상에서 자취를 감췄습니다. 얼핏 포메이토가 개발되었다는 소리를 들은 것도 같지만 실제로 포메이토는 인류를 구하지도 놀라게 하지도 못한 채 사람들에게서 잊혀져 갔습니다. 만들어지기 전에는 그토록 떠들썩했던 포메이토가 왜 만들어진 이후에는 오히려 조용히 사라져 버렸을까요?

이를 알아보기 위해 먼저 포메이토가 만들어지는 과정을 살펴봅시다. 제가 어릴 적에는 포메이토 이야기에는 항상 '유전자 재조합' 이야기가 따라붙어서 포메이토가 '유전자 재조합 농산물(GMO)'인 줄로만 알고 있었답니다. 그렇지만 실제로 포메이토를 만들 때 유전자 재조합 기술은 들어가지 않습니다. 사실 포메이토는 유전자 재조합과는 상관없이, 토마토와 감자의 세포를 합쳐서 만든 일종의 키메라입니다. 절반은 여성이고, 절반은 남성인 아수라 백작처럼 말이죠.

앞서 말했듯 포메이토는 토마토와 감자의 세포를 합치는 '세포융합' 방식으로 만들어졌습니다. 세포융합이란 말 그대로 두 개의 세포를 합쳐 하나로 만드는 것입니다. 이 과정을 위해서는 먼저 토마토와 감자의 세포를 하나씩 추출한 뒤, 식물세포가 가진 세포벽을 없애서 세포막만 지닌 말랑말랑한 세포를 준비하는 것으로 시작합니다. 세포벽은 딱딱하기 때문에 두 세포를 융합시킬 때 방해가 되므로, 미리 제거해 주는 것이죠. 그리고 세포벽을 벗긴 세포들을 폴리에틸렌글리콜이라는 물질에 처리하면 이 두 세포가 하나로 합쳐지는 마술 같은 일이 일어납니다. 마치 두 덩어리로 나눈 밀가루 반죽을 주물러서 하나로 합치듯 말이죠. 이렇게 두 세포가 합쳐지게 되면 하나의 세포에 감자세포의 핵, 토마토세포의 핵이 각각 존재하게 됩니다. 그런데 원래 하나의 세포에는 하나의 핵이 존재하는 것이 원칙이기에 이 두 핵은 하나로 합쳐지는 핵융합 과

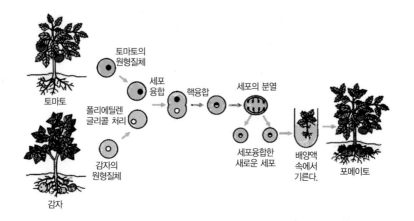

[그림] 세포 융합으로 만들어진 포메이토

토마토

토마토의
원형질체

폴리에틸렌
글리콜 처리

감자의
원형질체

감자

세포
융합

핵융합

세포의 분열

세포융합한
새로운 세포

배양액
속에서
기른다.

포메이토

정이 일어나게 됩니다. 이렇게 합쳐진 핵은 토마토의 유전자 전부와 감자의 유전자 전부를 모두 가지고 있기 때문에, 이를 분열시키면 감자와 토마토가 동시에 열리는 '포메이토'가 탄생된답니다.

　포메이토는 감자와 토마토의 핵을 그대로 합쳐서 만들어 낸 작품입니다. 이렇게 두 세포를 더하면 염색체 수가 그만큼 많아지기 때문에 이는 원래의 품종과는 전혀 다른 종류가 되어 버립니다. 앞에서 염색체로 인한 질병 이야기를 할 때, 염색체가 하나만 늘어나거나 줄어들어도 커다란 변화가 일어난다고 설명한 바 있습니다. 대부분의 경우, 이렇게 염색체가 두 배씩 늘어나 버리면 새로 만들어진 세포는 제대로 살지 못하고 죽어 버리는 경우가 많습니다. 그나마 포메이토가 가능했던 것은 감자와 토마토가 둘 다 가지과에 속하는 식물이었기 때문일지도 모릅니다. 그러나 이렇게 많은 꿈에 부풀게 한 포메이토는 결국 사람들의 기억에서 잊혀져 갔습니다.

포메이토가 만들어진 건 사실입니다. 인터넷을 찾아보면 포메이토를 판매한다는 업체가 있으니까요. 그러나 이렇게 만들어진 포메이토에서 열리는 토마토는 크기가 작았고, 감자는 고구마처럼 빨간 껍질을 가지고 있었으며, 맛이나 수확량도 기존의 토마토나 감자에 비해서 훨씬 떨어졌습니다. 결국 사람들은 포메이토는 상품적인 가치가 없다는 판단에 더 이상 연구를 하지 않고 있지만, 포메이토를 만들 때 사용했던 세포융합 기술만은 그대로 남아서 여러 가지 연구에 이용되고 있습니다.

가지에는 토마토가, 뿌리에는 감자가 열리는 포메이토.

실험으로 보는 유전자 재조합의 기술

포메이토처럼 세포 전체를 아예 합쳐 버리는 단순무식한(?) 방법보다 유전자 한두 개만을 잘라서 이어 붙이는 유전자 재조합 기술은 훨씬 성공률도 높고 원하는 형질만을 골라내서 발현시킬 수 있는 기술이어서 더 많이 사용합니다. 유전자 재조합이란 말은 이제 생물학 전공자가 아니더라도 어렵지 않게 접할 수 있는 말입니다. 심지어는 오늘 저녁 반찬을 만들려고 산 두부 포장지에서 '우리 회사 제품은 유전자 재조합 콩을 사용하지 않습니다' 라는 말을 접하게 되는 것처럼 말이에요. 이처럼 유전자 재조합이라는 단어와 유전자 재조합 기술이 응용된 상품들을 보는 것은 어렵지 않게 되었지만, 도대체 유전자 재조합을 어떻게 하는 것인지에 대한 세부 사항은 거의 모르고 있습니다. 유전자를 잘라서 이어 붙인다고 하는데, 말만 들어서는 쉬울 것 같지만 실제는 그렇게 만만하지도 성공률이 높지도 않습니다. 여기에서는 제가 대학원 때 실험하던 주제를 소재로 삼아 유전자 재조합이 어떤 과정을 통해 일어나는지 설명하겠습니다.

이제는 기억이 가물거리지만 저의 대학원 석사학위 논문은 파킨슨병을 일으키는 신경세포의 죽음에 관여하는 특정 단백질에 대한 것이었습니다. 파킨슨병이란 1996년 애틀랜타 올림픽에서 마지막 성화 봉송 주자로 나온 전설적인 복서 무하마드 알리 덕에 우리에

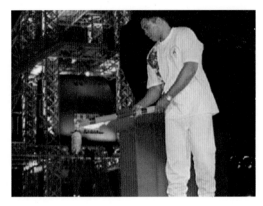
1996년 애틀랜타 올림픽에서 마지막 성화 주자로 나섰던 알리. 성화를 성화대에 점화하는 그의 손은 파킨슨병으로 인해 계속 떨렸답니다.

게 알려진 신경계질환입니다. 파킨슨병은 뇌에서 신체의 운동을 조절하는 부위의 세포가 대량으로 죽어 버린 탓에 몸을 제대로 움직일 수 없게 되는 것이 가장 특징적인 증상입니다. 따라서 파킨슨병에 걸리게 되면 원치 않는데도 손이나 발, 턱 등이 저절로 떨리게 되고 본인의 의지만으로 멈추기가 힘들지요.

당시 성화를 든 알리의 손이 불안하게 떨렸던 것도 바로 파킨슨병의 증상 때문입니다. 파킨슨병에 걸리게 되면 약물을 통해 손발의 떨림을 줄이고 증상을 완화시킬 수는 있지만, 병의 진행 자체를 막지는 못합니다. 파킨슨병의 근본적인 원인은 신경세포가 죽어 버리는 데 있습니다. 신경세포는 대부분 재생되지 않는 것이 특징이라서 일단 죽어 버린 신경세포는 다시 살릴 방법이 없기 때문입니다. 제 석사 논문은 죽어 가는 신경세포를 다시 살리기 위한 방법의 일환으로 세포의 죽음과 관련된 단백질의 특성을 연구하는 것이었죠.

연구를 좀 더 효율적으로 진행하기 위해서 저는 먼저 세포의 생존을 돕는 단백질과 세포의 죽음을 일으키는 단백질을 더 많이 가지는 세포를 만들어 내야 했습니다. 그래야 결과를 좀 더 분명하게 관찰할 수 있거든요. 이 과정에서 유전자 재조합이 필요합니다. 세포를 살리거나 혹은 죽이는 역할을 하는 단백질들을 만드는 유전자를 세포에 넣어 주어야 했으니까요. 이를 위해 먼저 이 단백질들을 만드는 정보를 가지는 유전자를 찾아야 했습니다. 이미 많은 선배 과학자들이 유전자의 염기서열을 분석해 놓았기 때문에 이 과정은 데이터베이스를 검색하는 것만으로 충분했습니다.

검색해 보니 제게 필요한 유전자의 염기서열은 약 700쌍 정도더군요. 앞에서 DNA를 이루는 기본 단위는 디옥시뉴클레오티드라고 말했었죠? 그러니까 제 실험에 필요한 유전자는 약 700개의 뉴클레오티드로 이루어진 DNA 조각이었던 셈이지요. 인간의 전체 DNA의 길이가 30억 쌍의 디옥시뉴클레오티드로 이루어져 있는 것을 생각하면 극히 작은 일부분일 뿐입니다. 이제 전체 DNA 중에서 이 유전자만을 골라서 잘라 내는 작업이 필요하지요.

말은 이렇게 했지만, 유전자를 잘라 내는 것도 조금은 복잡합니다. 종이나 천을 자를 때는 눈으로 보고 자르면 되지만 DNA는 눈으로 보면서 자르기가 불가능하니까요. 또한 DNA를 자르는 가위인 제한효소는 아무 데나 마음대로 자를 수 있는 것이 아니라, 특정한 염기의 배열이 있는 경우에만 자를 수 있다는 것도 이 과정을 복잡하게 만듭니다. 예를 들어 A라는 효소는 GATTCA라는 부분만을 자를 수 있고, B라는 효소는 TATATGG라는 부위만을 자를 수 있는 식이죠. 비유하자면 무지개 색 종이를 색깔별로 자를 때 빨간색 부위는 빨간 가위만으로 자를 수 있고 파란 부분은 파란 가위로만 잘라야 한다는 것이니 정말 '제한적'입니다.

그래서 저는 이 유전자가 들어 있는 DNA 앞뒤의 구조를 살펴보았습니다. 그리고 적당한 거리를 두고 이 부위의 염기서열을 분석해서 이 부위를 자를 수 있는 가위(제한효소)들이 있는지 살펴보았습니다. 유전자 앞뒤로 적당한 거리를 두는 이유는 우리가 옷을 만들 때 시접을 고려하지 않고 옷감을 자르면 바느질을 할 수 없듯이, 유전자를 잘라 낼 때에도 유전자 본체가 다치지 않도록 양 옆에 어느 정도 여유분을 두는 것이 좋기 때문입니다. 유전자의 앞뒤에 존재하는 염기서열을 분석하고 적당한 제한효소를 찾는 시간이 많이 걸렸습니다. 또한 이때 제한효소는 잘라 낼 DNA에 맞아야 할 뿐 아니라, 잘라 낸 유전자를 다른 세포 속으로 집어넣는 데 필요한 유전자 운반체인 벡터(vector)와도 맞아야 하기 때문에 여러 가지 요건들을 고려해야 한답니다. 운 좋게도 원래의 DNA와 벡터의 DNA에 모두 포함되는 염기서열과 제한효소가 존재한다면 일이 쉬워지지만 — 제 경우에는 없었지요 — 그렇지 않다면 또 다른 조작 과정을 거쳐 이를 맞춰 주어야 합니다.

머리카락, 피 한 방울로 범인을 잡는다?

DNA 재조합을 할 때에는 같은 유전자가 여러 개 필요합니다. 그렇지만 세포 하나당 유전자는 한 개뿐이어서 예전에는 유전자 실험을 위해서 많은 숫자의 세포가 필요했습니다. 하지만 요즘에는 유전자가 단 하나라도 있다면 이를 이용해 같은 유전자를 많이 복제할 수 있는 방법이 개발되어 있어서 여러 개의 세포가 필요 없습니다. 이 방법을 PCR(polymerase chain reaction, 중합효소연쇄반응)이라고 하는데, PCR을 이용하면 원하는 부위의 유전자를 원하는 만큼 실컷 복제해 낼 수 있답니다. 그리고 이 PCR 덕에 DNA 증폭이 가능해졌기에 21세기의 'CSI 수사대' 는 현장에 떨어진 단 한 방울의 피나 한 가닥의 머리카락에서도 DNA를 찾아내 범인을 식별할 수 있는 것이랍니다.

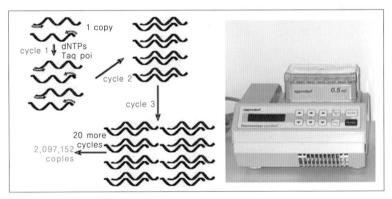

PCR의 모식도. PCR에서 1사이클이 진행될 때마다 유전자는 두 배씩 복제됩니다. 따라서 20사이클만 돌려도 무려 2,097,152개의 유전자가 만들어지지요. 오른쪽은 PCR 기계의 모습입니다.

참고로, 혈액 속에 든 세포는 대부분 적혈구지만 DNA 검사에서는 적혈구 대신 백혈구를 사용한답니다. 사람의 적혈구는 핵이 없기 때문에 당연히 핵 속에 들어 있는 DNA도 없거든요. 그래서 피를 이용한 DNA 검사에서 적혈구는 별 쓸모가 없습니다. 적혈구를 제외하고 우리 몸을 이루는 세포는 거의 모두 핵을 가지고 있기 때문에 DNA를 추출해 낼 수 있는데, 흔히 많이 사용되는 머리카락(머리카락 그 자체는 단백질 덩어리이므로, 유전자 검사를 위해서는 모근이 붙어 있어야 합니다) 외에도 침, 땀, 소변, 정액, 질 분비물로도 유전자 검사를 할 수 있습니다. 심지어는 칫솔이나 속옷, 모자에도 몸에서 떨어진 세포들이 붙어 있기 때문에 DNA 검사에 응용할 수 있지요.

PCR을 통해 원하는 유전자를 잔뜩 복제한 뒤에는 이를 세포에 넣어서 세포가 가진 DNA와 결합시켜야 합니다. 그래야 이 유전자가 제대로 기능하게 될 테니까요. 이제 유전자를 세포 속 DNA에게 운반해 줄 운반체에 부착시키는 과정이 필요합니다. 사람처럼 핵을 지닌 세포라면 DNA는 세포 안쪽 깊숙한 핵 속에 들어 있기 때문에 여기까지 유전자를 운반해 줄 운송수단이 필요한 것이죠. 이 운송수단을 '벡터'라고 합니다. 그래서 PCR을 이용해 잔뜩 복제해 둔 유전자의 양끝에 시접을 남기고 제한효소로 잘라 낸 뒤, 역시 같은 제한효소로 잘라 틈을 벌려 둔 벡터에 이어 붙이는 것이죠. 바로 이 과정에서 DNA용 풀인 리가아제가 유용하게 쓰입니다.

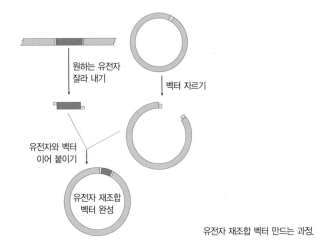

유전자와 벡터
이어 붙이기

원하는 유전자
잘라 내기

벡터 자르기

유전자 재조합
벡터 완성

유전자 재조합 벡터 만드는 과정.

이렇듯 유전자 재조합 과정에서 실제로 세포로 넣어 주는 것은 달랑 유전자 하나가 아니라, 유전자를 품은 벡터 전체랍니다. 대장 균 같은 단세포 생물들은 핵이 없기 때문에 벡터를 이용해 유전자 발현이 쉬운 편입니다. 그렇지만 핵을 지닌 동물이나 식물세포는 조금 더 복잡합니다. 동·식물세포의 DNA는 세포핵 깊숙한 곳에 자리 잡고 있기 때문이지요. 이런 경우에는 벡터로 바이러스의 DNA를 많이 사용하는데, 바이러스라는 것의 특성이 세포에 침입 하여 세포가 가진 DNA에 자신의 DNA를 끼워 넣는 것이기 때문 입니다. 그래서 바이러스를 가공해서 독성을 없애고 세포에 침입 하는 능력만 남도록 가공한 것이 바로 바이러스 벡터이지요. 이 바 이러스 벡터에 필요한 유전자를 넣어서 세포에 집어넣으면, 이 벡 터가 알아서 유전자를 원래 DNA 속에 끼워 준답니다.

그리고 문제가 하나 더 있습니다. 유전자를 잘라 내는 것도, 이를 벡터와 붙이는 것도, 심지어는 벡터를 세포에 집어넣는 것도 눈으로는 전혀 알 수 없는 과정입니다. 벡터에 넣어서 들여보낸 유전자가 세포랑 제대로 결합했는지를 알아야 실험을 할 수 있기 때문에 이를 확인하는 과정이 반드시 필요합니다. 그래서 시중에서 팔리는 상업용 벡터들은 실험자가 쉽게 구별할 수 있는 특징을 넣어서 제조를 합니다. 가장 쉬운 것은 벡터를 만들 때 여기에 항생제 저항성 유전자나 빛을 내는 유전자를 같이 넣어 주는 것입니다. 항생제 저항성을 가진 벡터는 주로 대장균 같은 세균을 이용한 실험에서 많이 이용됩니다. 예를 들어 대장균에 항생제 저항성 유전자를 가진 벡터를 주입시킨 후 항생제를 처리해 보면 이 실험의 성공 여부를 쉽게 알 수 있습니다. 보통의 경우 대장균은 항생제를 처리할 때 모두 죽어야 하지만 항생제 저항성 벡터를 가진 대장균은 죽지 않습니다. 항생제를 처리하고 현미경으로 관찰했을 때 대장균이 죽지 않는다는 것이 확인된다면 그 대장균에는 벡터가 성공적으로 들어갔다는 말입니다. 아울러 벡터 안에 담아 두었던 외부 유전자 역시 대장균 안에 얌전히 자리 잡았다는 말도 됩니다.

이보다 더 쉽게 알 수 있는 것은 빛을 내는 유전자입니다. 이 벡터를 이용해 유전자 재조합을 한 뒤, 대상 물체에 특정 파장의 빛을 쬐어 주면 사진처럼 식물이나 동물이 아름다운 형광을 발하게 된답니다. 가끔 언론에서 형광 담배나 형광 쥐, 심지어는 형광 빛

빛을 내는 유전자를 넣은 벡터를 사용하면 이처럼 빛을 내기 때문에 유전자 재조합이 성공했는지를 쉽게 알 수 있답니다.

을 발하는 돼지를 만드는 데 성공했다는 이야기를 듣곤 합니다. 이 소식을 접한 많은 이들은 "돼지한테 형광 빛을 내게 해서 무엇에 쓰는데?"라는 반응을 보입니다. 사실 돼지한테 형광 빛을 내게 하는 것 자체가 중요한 것이 아닙니다. 돼지가 형광 빛을 낸다는 것은 돼지의 DNA에 형광을 내는 벡터가 침입했다는 것이고, 나아가 이는 벡터 안에 끼워 넣었던 외부 유전자가 돼지의 DNA 속에 성공적으로 침투했다는 것을 의미한답니다.

유전자 재조합은 이처럼 복잡다단한 단계를 거치기 때문에 실험을 하다 보면 여러 가지 문제가 일어납니다. 연구자가 할 수 있는 것은 벡터를 만들어 넣어 주는 것까지입니다. 이후에는 벡터가 제대로 기능해서 성공하기만을 기다려야 하거든요. 유전자가 성공적으로 DNA 속으로 들어갈지, 들어가서 원하는 대로 기능할지, 혹시 돌연변이를 일으키지는 않을지는 해 보기 전까지는 아무도 알 수 없는 일이거든요. 실제로 실험을 하다 보면 유전자가 DNA 속으로 끼어들어 가지 못하거나, 끼어드는 데는 성공했지만 주변 여건에 눌려서 제대로 기능하지 못하거나, 혹은 돌연변이를 일으켜 원하는 결과가 나오지 않는다거나, 혹은 세포가 아예 죽어 버리거나 하는 일들이 비일비재합니다. 그렇기에 유전자 재조합 기술이 등장한 지 30여 년의 세월이 지난 것에 비해 유전자 재조합을 활용한 식품이나 약품의 수는 그리 많지 않은 것입니다.

우리의 우려가 실제로 현실에서 일어날 수 있을까?

유전자 재조합은 인간의 필요에 의해서 시작된 일입니다. 생물의 형질이 유전자로 인해서 만들어지는 것을 알아내고 인간에게 더욱 유용한 생물들을 만들어 내기 위한 방법이었죠. 그래서 물러지지 않는 토마토나 병충해에 강한 쌀 등 보관성과 생산성을 높인 작물들, 인슐린이나 혈액응고인자처럼 인간의 난치병 치료에 이용되는 단백질을 만들어 내는 세균이나 동물들이 탄생하게 된 것입니다. 여기까지는 사람들이 약간 꺼림칙하기는 해도 그럭저럭 받아들일 수 있는 수준입니다.

그러나 문제는 우리 인간도 세포와 DNA 수준에서 보면 다른 동식물이나 미생물과 다를 바 없는 것처럼 보인다는 것입니다. 인간 역시 DNA 속에 유전정보를 가지고 있고, 이 유전정보에 따라서 각 개인이 구성되거든요. 다른 생물들의 DNA를 재조합할 수 있다면 인간의 것이라고 못할 것 없다는 데까지 생각이 미치게 됩니다. 또한 이런 기술을 잘 응용해서 유전적 질환의 치료에만 전문적으로 이용한다면 문제가 적겠지만, 이것이 질병 치료가 아닌 '인간 개량' 수준으로까지 번질지도 모른다는 것은 커다란 공포로 다가오게 됩니다. 우리는 이미 영화나 소설을 통해 유전적으로 변형된 인간들이 어떤 특징을 가지는지를 너무도 실감나게 보았거든요.

유전적으로 변형된 인간들이라면 보통 영화 〈엑스맨〉에 나오는 초능력자 인간이나, 혹은 피도 눈물도 없이 냉혹한 살인병기를 떠올립니다. 하지만 위의 과정에서 보았듯이 유전자 재조합이란 성격을 변화시키거나 초능력을 가지게 하는 것이 아니라 단지 기존에 존재하던 능력을 한 종에서 다른 종으로 옮기는 수준 정도에 불과하고, 그것도 한두 가지 특성 정도에 국한됩니다.

앞으로 분자생물학이 더욱 발달하고 우리가 아직 알지 못하는

영화 〈엑스맨〉에 등장하는 다양한 능력을 지닌 돌연변이들. 이러한 돌연변이는 영화상의 설정으로는 흥미롭지만, 현실적으로는 이들의 초능력 형질을 담당하는 유전자가 존재하지 않기 때문에 생물학적으로 불가능합니다. 나아가 이들의 능력은 물리학적 법칙에 위배되기 때문에 더더욱 불가능하답니다.

비밀이 모두 밝혀진다면 어떻게 될지 모르지만, 지금 수준에서는 인간의 유전자를 아무리 변형시킨다 한들 돌연변이나 살인병기의 탄생은 그다지 가능성이 있어 보이지는 않습니다. 인간은 다른 동물들과는 달리 '유전자'만으로 모든 것을 설명할 수 없는 존재이기 때문에 그 가능성이 더욱 낮습니다.

하지만 다른 생물의 유전자 재조합은 이야기가 다릅니다. 유전자 재조합은 미생물·식물·동물 등에 모두 적용되고 있지만, 그 중에서도 우리가 가장 쉽게 이해할 수 있는 것은 유전자 재조합된 작물, 즉 GMO(Genetic modified organism) 농산물입니다. GMO

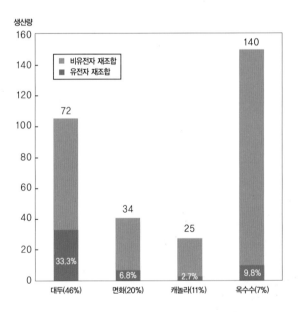

미국의 주요 농산물의 유전자 재조합 농작물 도입 비율. 이제 GMO 작물들의 경작률은 비GMO 작물의 경작률을 바짝 뒤따르고 있습니다.

작물들 중 대표적인 것이 병충해에 강한 콩이나 옥수수 등입니다. 이런 농산물들은 이미 생산되어 우리 삶 속에 깊숙이 들어와 있습니다. 그러나 지난 1980년대 포메이토가 유전공학의 결정체이자 많은 사람들의 희망처럼 받아들여졌던 것과는 달리, 2000년대를 사는 우리들은 GMO 산물들을 마치 '독한 농약을 잔뜩 뿌려 키운 식물' 쯤으로 취급하는 경향이 있습니다. 게다가 최근 들어 불기 시작한 웰빙 바람을 타고 유기농 제품이 인기를 끌면서, 'GMO-free'라든가 '우리 회사의 두부는 유전자 조작을 하지 않은 순수한 국산 콩만을 사용합니다' 라는 문구를 단 식품들이 덩달아 인기를 끌기 시작했습니다.

세계 최초의 유전자 재조합 농산물

공식적으로 알려진 세계 최초의 유전자 재조합 농산물은 1994년 미국의 칼진[Calgene, 1996년에 다국적 기업인 몬산토(Monsanto)에 인수됨]에서 만들어 낸 무르지 않는 토마토[상품명은 '플레이버 세이버 (Flavr Savr)]랍니다. 미국은 땅이 넓어서 수확한 토마토를 소비자에게 판매하기까지 시간이 많이 걸립니다. 그런데 토마토는 껍질이 무른 채소여서 운반되는 시간 동안에 물러 터지는 것들이 많이 생겨 손해가 막심했지요. 그래서 생각한 것이 '오랜 시간 놓아두어도 무르지 않는 토마토'를 개발하는 것이었습니다. 그래서 만들어진 것이 바로 무르지 않는 토마토인 '플레이버 세이버(Flavr Savr)'였던 것이죠. 그러나 이 토마토는 '최초'라는 타이틀을 얻기는 했지만, 시장에 진입하는 데는 실패했습니다. 이 토마토는 쉽게 무르지는 않는 대신 익는 것도 지독하게 느려서 시장에 도착했는데도 당최 익지를 않아 또다시 호르몬 처리를 해서 익히는 수고를 해야 했거든요. 그런 수고에도 불구하고 다른 토마토에 비해서 맛이 떨어져 소비자들도 좋아하지 않았습니다. 그러니 농산물 유통업체 입장에서는 차라리 일반 토마토를 상하지 않게 보관할 수 있는 커다란 냉장 트럭을 사는 것이 무르지 않는 토마토를 사는 것보다 더 이익이 되었으니, 경제적 가치가 없어서 시장에서 사라질 수밖에요.

비록 플레이버 세이버는 시장 진입에 실패하고 사라졌지만 ― 그리고 보니 포메이토도 그렇고, 플레이버 세이버도 그렇고, 토마토는 유전공학자들에게는 희망과 동시에 절망을 안겨 준 채소로군요 ― 유전자 재조합 농산물을 만드는 시도는 끊이지 않고 계속되었고, 지금은 다양한 종류의 유전자 재조합 농산물이 시장에 등장했습니다. 이후 등장한 유전자변형 농산물들은 제초제 저항성이나 장기보관성뿐 아니라 작물의 맛도 개선하여 급격히 빠른 속도로 재배 면적이 늘어 갔습니다. 농민의 입장에서는 병충해에도 강하고, 잡초 제거도 쉽고, 수확량도 많고, 보관도 편리한 GMO 식물을 거부할 이유가 별로 없어 보였습니다. 그러나 GMO 작물의 개발로 인해 엄청난 이윤을 얻은 것은 농민이 아니라 이를 개발한 생명공학회사들이었습니다. GMO 작물의 씨앗은 특허가 걸려 있어서 일반 씨앗보다 비싼 값에 팔 수 있는 데다가, 일종의 패키지*로도 팔 수 있으니 더없이 좋았지요. 생명공학회사들의 적극적인 마케팅으로 이들의 재배 면적은 급속도로 늘어나서 GMO 작물 재배에 가장 열성적인 미국의 경우, 경작되는 농산물의 상당수가 GMO 작물이라는 통계가 나왔을 정도입니다. 현재는 제초제에 강한 콩이라든지 해충저항성이 있는 옥수수뿐만 아니라 차세대 GM 작물, 치료용 GM 작물이라고 하여 특정 성분(비타민 등)의 함량을 높여 치료의 목적으로 사용할 수 있는 땅콩이나 쌀 등도 시판되고 있습니다. 그러나 앞으로의 상황이 마냥 탄탄대로인 것만은 아닙니다. 유럽을 중심으로 전 세계적으로 GMO 작물에 대한 보이콧이 벌어지고 있기 때문입니다.

GMO 작물 보이콧이 일어나고 있는 것은 '조작된 DNA는 안정적이지 못하다' 라는 사실과 '이 안정적이지 못한 DNA를 직접 먹는다' 라는 사실이 결합되어 일어나는 현상입니다. 유전자 재조합은 편리하고 유용한 방법이긴 하지만 생명체들은 기본적으로 외부에서 유입되는 DNA를 반기지 않는 특성을 지니고 있기 때문에 간

---

* 실제로 몬산토 사가 만드는 제초제 저항성 콩인 라운드업레디 콩(round-up ready soybean)은 역시 몬산토 사에서 생산하는 제초제인 '라운드업(round-up)' 에 대해서만 저항성을 가지기 때문에 콩 종자와 제초제를 같이 사야만 효과를 볼 수 있도록 시스템을 갖추어 놓았답니다.

혹 유입된 유전자가 떨어져 나와 의도하지 않았던 다른 생명체로 옮겨 갈 가능성도 있습니다. 물론 이런 일이 일어날 확률은 매우 낮지만 아주 불가능한 것도 아닙니다. 그러니 불안정한 유전자를 가진 작물들을 직접 먹어야 하는 소비자의 입장에서는 불안감이 드는 것은 사실입니다.

아직까지는 유전자 조작 식물이 정말로 안전하다거나 심각하게 해롭다는 보고도 없는 실정입니다. 비록 유전자 조작 농산물의 안전 혹은 위해의 증거를 내놓은 논문들은 많이 있으나, '복어의 독은 위험하다' 라든가, '물을 끓여 먹으면 콜레라를 예방할 수 있다' 라는 것처럼 GMO 작물과 신체적 위해와의 확실한 상관관계를 증명하고 있지는 못한 실정입니다. 한쪽에서는 나쁘지 않으니까 괜찮다고 주장하고, 또 다른 쪽에서는 안전함이 증명되지 않았으니 믿을 수 없다고 반박하는 대립 구도가 팽팽하게 맞서고 있습니다. 어느 쪽이 과연 옳은지는 아직 알 수가 없지요. 다만 '안전하다고 증명되기 전까지는 의심의 눈으로 보는 편' 이 안전을 담보로 하는 것보다 조금 더 신중한 선택일 수는 있습니다.

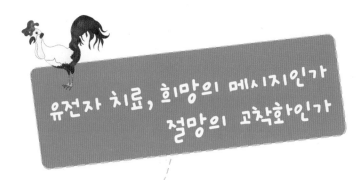

유전자 치료, 희망의 메시지인가
절망의 고착화인가

유전자 치료, 불치병 치료의 마지막 희망?

아이를 낳고 닷새째 되던 날이었습니다. 갓난아이를 안고 다시
병원을 방문해 선천성 대사이상 검사를 받았습니다. 선천성 대사
이상(先天性代謝異常, congenital metabolic abnormality)이란 체내에
서 중요한 작용을 하는 효소 혹은 단백질이 선천적으로 이상을 나
타내는 유전성 질환을 말합니다. 우리 몸에서 일어나는 거의 모든
반응은 효소를 매개로 하기 때문에, 효소에 문제가 생기면 여러 가
지 이상 증상을 나타내게 됩니다. 선천성 대사이상은 그 종류도 다
양하고 치료도 힘들지만, 종류에 따라서는 신생아 때 이상을 빨리

발견할 경우 적절한 대응을 통해 이상의 정도를 최소한으로 낮출 수 있는 것들이 있습니다. 예를 들어 필수아미노산의 일종인 페닐알라닌을 분해하는 효소의 이상으로 나타나는 페닐케톤뇨증의 경우는 그대로 방치하면 경련과 심각한 정신지체를 나타내게 되지만 생후 1개월 이내 발견하여 적절하게 대응하면 — 페닐알라닌을 빼거나 극히 일부만을 먹는 식이요법을 유지하면 — 정상 지능을 가지고 살아갈 수 있거든요. 따라서 선천성 대사이상은 조기 발견이 매우 중요한데, 검사법은 비교적 간단합니다. 신생아의 발뒤꿈치를 찔러 피만 두세 방울 얻으면 약 40여 종의 선천성 대사이상 검사가 가능하니까요.

저는 아이를 낳기 전부터 선천성 대사이상 검사는 꼭 받아야겠다고 생각했습니다. 몇 년 전, 사촌 언니의 아기가 태어난 직후에 선천성 갑상선기능저하증 진단을 받은 적이 있었거든요. 선천성 갑상선기능저하증이란 유전적으로 갑상선에 문제가 있어, 갑상선호르몬이 제대로 나오지 않는 질환입니다. 선천성 갑상선기능저하증은 신생아 3,000~4,000명당 1명꼴로 발병하는데, 치료하지 않고 방치하는 경우 청력 소실, 언어 장애, 정신지체 등이 발병할 수 있습니다. 하지만 조기에 발견해서 적절한 치료를 하게 되면 정상 아동과 똑같이 성장할 수 있지요. 사촌 언니의 아기는 비록 선천성 갑상선기능저하증을 가지고 태어났지만, 조기에 발견해 적절히 치료한 탓에 지금은 건강하고 씩씩한 어린이로 잘 자라고 있답니다.

센트럴 도그마가 확립되고, 유전자를 마음대로 재조합할 수 있는 수준이 되자 사람들이 관심을 가지게 된 분야가 바로 유전자 치료(gene therapy)입니다. 유전자 치료란 외부에서 유전자를 주입하여 이상이 생긴 유전자를 대치하거나, 이상이 생긴 유전자가 만들어 내야 할 단백질을 대신 만들게 하여 질병을 치료하는 방법을 말합니다. 유전질환은 그 종류에 따라 조금 다르긴 하지만, 대체적으로 치료하기가 지극히 힘든 병입니다. 치료를 한다 치더라도 근본적인 치료가 아니라, 증상만 교정하는 대증요법 수준에 머무르는 경우가 많지요. 이런 상황에서 유전자 치료는 유전질환을 근본적으로 치료할 수 있는 가장 효과적인 치료법입니다.

예를 들어 유전질환의 하나인 고셔병은 체내에 꼭 필요한 글루코세레브로시다제(Glucocerebrosidase, GC)라는 효소의 부족으로 일어나는 질병입니다. 현재 고셔병을 치료하는 가장 좋은 방법은 글루코세레브로시다제를 계속해서 주입해 주는 것입니다. 효소가 부족해 생긴 질환이니 그 효소를 주입하게 되면 그 증상이 상당히 완화되거든요. 하지만 이 방법이 근본적인 치료법은 되지 못합니다. 이 효소는 평생 동안 필요한 효소이기 때문에 고셔병 환자들은 끊임없이 효소를 주입받아야 하니까요.

이러한 유전질환에 있어서 가장 근본적인 치료법은 유전자 치료일 것입니다. 유전자 이상으로 일어난 질병이니만큼, 이상이 생긴 유전자를 정상적인 것으로 교체해 준다면 질병이 근본적으로 치료될 테니까요. 또한 유전자 치료는 선천성 유전질환뿐 아니라 암을 비롯한 다양한 난치성 질환의 치료에도 매우 효과적인 방법이어서 이에 대한 관심은 매우 높습니다.

유전자 치료의 개념이 등장한 것은 1950년대부터였지만 기술적 난점들로 인해 시행되고 있지 못하다가, 유전자 운반체인 '벡터 (vector)'가 개발된 1980년대에 이르러서야 비로소 조금씩 현실화되기 시작합니다. 유전자 치료의 과정을 간단히 요약하면 이렇습니다. 특정 유전질환을 가진 사람에게서 이상이 생긴 유전자를 찾아내고 이를 이상이 없는 유전자를 정상세포에서 잘라 내거나 합성합니다. 이 치료용 유전자를 세포 속에 넣어 주기 위해서 유전자 운반체인 벡터와 결합시킨 뒤, 인체 내에 주입합니다.

물론 중간에 이들의 숫자를 증폭하는 과정이 필요합니다. 그렇게 체내로 주입된 치료용 유전자는 원하는 표적세포에 달라붙어 세포 안으로 유입되고 다시 세포가 가진 DNA 속으로 유전자가 끼어들어 가 정상적인 단백질이나 효소를 생산하게 하면 유전자 치료는 성공인 것이죠. 말로 이야기하면 이렇게 간단하지만, 실제 유전자 치료는 그렇게 호락호락하지 않습니다. 유전자 치료에서 가장 어려운 문제는 어떻게 정상적인 유전자를 세포핵 속으로 주입시켜 발현하도록 만드느냐는 것입니다. 눈에 보이지도 않을 만큼 작고, 수없이 많은 세포들 하나하나에 직접 유전자를 주입한다는 것은 불가능한 일입니다. 거기다가 주입된 유전자가 파괴되지 않고 — 많은 세포들이 외부에서 유전자가 끼어들어 유전정보를 혼란시키는 것을

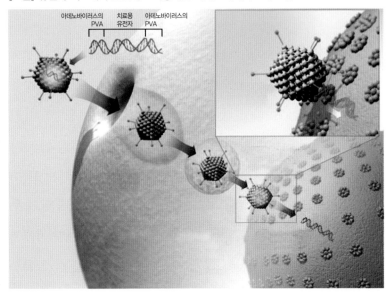

막기 위해 외부에서 유입된 유전자를 잘라 버리는 효소를 가지고 있습니다 — 기능을 제대로 수행하도록 만드는 것은 정말 힘든 일입니다. 따라서 유전자 치료를 현실화시키기 위해서는 유전자를 무사히 세포 속으로 운반한 뒤, 이 유전자가 깨지지 않고 발현될 수 있도록 도와주는 성능 좋은 벡터를 제작하는 것이 매우 중요합니다. 다행스럽게도 우리 주변에는 이런 복잡한 기능을 자연스럽게 해내는 녀석들이 있습니다. 바로 바이러스들이지요.

유전자 치료는 과연 안전하기만 할까?

앞서 말했듯이 바이러스는 숙주세포 속으로 들어가면, 자신의 유전물질을 숙주세포의 DNA 속에 끼워 넣어 발현시키는 특성을 가지고 있습니다. 따라서 바이러스의 이런 특성을 이용하면 유전자 치료나 형질전환 실험 시에 유전자를 안전하게 운반하는 벡터를 만들 수 있습니다. 바이러스의 유전물질을 분리해 내서 DNA 속에 끼워 넣은 후 독성을 나타내는 부분은 빼 버리고, 대신 그 부위에 우리가 원하는 유전자를 대신 집어넣는 것이죠. 이때 인체세포에 달라붙고 유전물질을 DNA 속으로 끼어들어 가도록 도와주는 부분은 그대로 둔 채 조작을 합니다. 그러면 일부러 시키지 않아도 알아서 인체세포에 달라붙어 세포 안으로 들어가서는 필요한 유전자만 인간의 DNA 속에 끼워 넣어 발현시키도록 하는 '말 잘 듣는' 바이러스 벡터를 만들 수 있답니다.

바이러스를 이용한 효과적이면서도 인체에 무해하다고 여겨지는 벡터가 제작되자 드디어 유전자 치료는 꿈이 아닌 현실이 됩니다. 드디어 1990년, 캘리포니아 대학의 프렌치 앤더슨 박사(William French Anderson, 1939~)는 중증복합면역결핍증(ADA 결핍증)에 걸린 네 살 난 애시 데실바(Ashi Desilva)라는 여자아이에게 유전자 치료를 시도합니다. 중증복합면역결핍증이란 아데노신데아미나제(adenosine demainase, ADA)라는 효소를 만드는 유전자에 이상이 생겨 발생하는 선천성 유전질환입니다. 이 효소가 없으면 면역 작용을 하는 백혈구에 독성 물질이 축적되어 백혈구가 죽기 때문에 면역력이 심각하게 저하됩니다. 따라서 이 질환을 가지고 태어난 아이들은 쉽게 감염이 되고 한번 감염되면 잘 낫지 않기 때문에 반복되는 감염으로 생명에 위협을 받을 수 있습니다.

앤더슨 박사는 애시의 몸에서 고장 난 백혈구를 채취하고 이 백혈구들에 정상적인 유전자를 주입하여 유전자 치료를 한 뒤, 다시 애시의 몸속으로 주입했습니다. 이를 통해 치료된 유전자를 주입받은 애시는 건강을 되찾았습니다. 4개월 뒤, 미국 국립보건원(NIH)는 ADA 결핍증을 앓고 있던 두 살 난 신디 컷샬(Cindy Cutshall)에게 역시 유전자 치료를 승인하였습니다. 신디 역시 이 치료로 건강을 되찾았지요.

아래의 사진은 지난 1999년 미국 잡지 「타임」지에 '행운의 아이들(LUCKY KIDS)'이라는 제목으로 실린 사진입니다. 이 사진은 1993년

유전자 치료로 병을 이겨 낸 애시와 신디의 모습.

버블 보이(bubble boy)란 면역력이 거의 없어 평생을 무균 상태의 버블 속에서 살아가야 하는 운명을 지닌 아이를 지칭했던 말입니다. 왼쪽 사진은 실제 버블 보이로 태어나 12년간의 짧은 삶을 살았던 소년 데이비드 베터이고, 오른쪽은 버블 보이 이야기를 토대로 만든 제이크 질렌할 주연의 영화 〈버블 보이〉의 한 장면입니다. 영화는 코믹하게 만들어져 있어서 주인공이 성인이 되고 사랑을 찾아 여행까지 떠나는 것으로 설정되어 있지만, 실제 버블 보이는 12년의 짧은 삶을 오로지 버블 안에 갇힌 채로 살아야만 했답니다.

에 찍은 것으로 ADA 결핍증으로 바깥 출입조차 힘들었던 두 아이가 건강한 모습으로 동물원에 놀러간 것을 기념해 찍었던 것이죠. 그리고 타임지가 이 기사를 실은 1999년에도 — 그러니까 유전자 치료를 받은 지 9년이 지난 뒤에도 — 이 두 아이들은 건강하게 자라고 있다고 합니다. 유전자 치료가 이 아이들의 목숨을 구했을 뿐 아니라, '버블 키드'로 살아갈 뻔했던 아이들의 인생까지 구원한 셈이지요.

애시와 신디의 유전자 치료 성공은 그동안 마땅한 치료법이 없어서 고통 받고 있던 수많은 난치병 환자들에게 한 가닥 희망을 심어 주었습니다. 이제 유전자 치료를 통해 치료가 힘들었던 난치병들을 근본적으로 치료할 수 있는 길이 열렸다고 생각했던 것이죠.

하지만 실제 현실은 생각했던 것만큼 평탄하지는 않았답니다.

1999년 9월, 미국 펜실베니아 대학에서는 불행한 사고가 일어납니다. 당시 18살의 소년이었던 제시 겔싱어(Jesse Gelsinger)는 유전질환인 오르니틴 트랜스카바밀레이즈(ornithine transcarbamylase, OTC) 결핍증을 앓고 있었습니다. OTC 결핍증은 체내에 존재하는 효소의 일종인 OTC가 기능을 하지 못하는 병으로, 이는 요소의 대사회로 이상 중에서는 가장 흔한 형태며 고암모니아혈증을 일으키는 질환입니다. 암모니아는 단백질 소화 시 부산물로 발생되는데 독성이 매우 강하기 때문에 우리의 몸은 암모니아를 독성이 적은 요소로 바꾼 뒤, 소변을 통해 이를 배출하는 시스템을 갖추고 있지요. OTC 결핍증은 암모니아를 요소로 바꾸는 시스템에 작용하는 효소인 OTC가 제 기능을 하지 못하는 유전성 질환입니다. 물론 OTC 결핍증 환자를 그대로 내버려 두는 것은 위험하지만 OTC 결핍증 환자라도 단백질을 제한하는 식이요법만 적절하게 따른다면 비교적 정상적인 삶을 살 수 있습니다. 하지만 좀 더 평범한 삶을 살고 싶었던 제시는 일부러 유전자 치료 임상시험에 자원하지요. 하지만 안타깝게도 제시는 유전자 치료를 시작한 지 겨우 4일 만에 부작용으로 사망하게 됩니다. 이로 인해 유전자 치료의 안전성에 대한 논란이 대대적으로 불거지게 되었고, 유전자 치료에 대한 비관적인 전망도 나오게 되었지요.

제시가 숨진 이유는 유전자 치료 시에 유전자 운반체로 사용되었던 아데노바이러스 때문인 것으로 밝혀졌습니다. 제시는 유전자 치료 시 OTC 유전자가 담긴 아데노바이러스를 주입 받았습니다. 원래 OTC 결핍증을 치료하기 위해서 OTC 유전자는 인간의 간세포에만 침투하여야 합니다. 그런데 이들이 간세포뿐 아니라 다른 세포에도 침투하면서 문제가 커졌습니다. 또한 당시 제시를 담당했던 연구자들이 유전자 치료의 임상실험 원리를 제대로 지키지 않은 채 너무 많은 양의 아데노바이러스 벡터를 제시에게 주입했던 것도 문제가 되었습니다. 아무리 원래의 유전자를 제거해 독성을 없앤 바이러스라고 하더라도, 갑자기 많은 양이 체내에 유입되자 이 바이러스를 외부 물질로 인식한 인체의 면역계가 갑자기 격렬한 면역 반응을 일으켰던 것입니다. 이로 인해 제시의 몸속에 면역세포가 급격하게 증가했고, 고열과 염증 반응, 홍수 및 호흡곤란 등의 합병증으로 사망하게 된 것이죠.

제시 겔싱어의 안타까운 죽음은 장밋빛 미래를 약속할 것으로만 보였던 유전자 치료 분야에 그늘을 드리웠습니다. 아울러 생명이 가진 내부 시스템은 매우 복잡해서 우리가 전혀 예상하지 못했던 결과를 가져올 수도 있다는 것을 알려 준 가슴 아픈 사례가 되었습니다. 생명을 다루는 실험에는 연습이란 없고, 실수는 곧 죽음으로 이어질 수 있다는 것을 이 사례를 통해 깨달아야 합니다. 그리고 인간을 대상으로 하는 생명과학의 적용은 매우 조심스럽고 사려 깊게 이루어져야 한다는 교훈도 함께 말이지요. 그래서 제시 사건 이후,

독성이 덜한 비바이러스성 벡터도 개발하게되었습니다.

　하지만 제시의 죽음 이후에도 유전자 치료에 대한 임상시험은 꾸준히 이루어졌습니다. 자료에 따르면 2005년 7월 기준으로 전 세계적으로 진행 중이거나 완료된 유전자 치료 임상시험은 총 1,076건으로 약 3,000여 명의 환자를 대상으로 실시되었습니다. 그러나 지난 2002년과 2003년에 면역결핍증을 치료하기 위해 유전자 치료를 받던 환자들이 연달아 백혈병에 걸리면서 유전자 치료는 또 한 번의 고비를 맞게 됩니다. 면역결핍증의 유전자 치료가 왜 백혈병을 일으키게 되었는지 그 과정이 명확하지는 않습니다. 다만, 연구자들은 면역결핍증을 치료하기 위해 백혈구를 꺼내 유전자를 주입하는 과정에서 주입된 유전자가 우연히 암을 발생시킬 수 있는 유전자 옆으로 끼어들어 가면서 두 유전자가 동시에 발현되어 백혈병이 일어난 것으로 추측하고 있습니다. 이처럼 유전자 치료는 그 대단한 가능성에도 불구하고, 아직 우리가 인체의 모든 시스템을 완벽히 이해하고 있지 못하다는 한계와 맞물려 부작용이 발생할 확률 역시 높아서 아직까지도 '실험적인 수준'에 놓여 있는 상태랍니다.

세상을 뒤흔든 DNA 검사 대소동

　지난 2001년, 신문에 '엉터리 DNA 검사 가정파탄 불렀다'라는 제목의 기사가 실렸습니다. 이 기사의 내용은 아내를 향한 남편의 의심과 DNA 검사라는 최첨단 기술이 잘못 만나서 일어난 사건이었습니다.

겉으로 보기에는 아들딸 남매를 키우면서 오순도순 잘 살아가는 것처럼 보였던 안모씨 부부의 행복은 남편 안씨의 의처증으로 인해 금이 가기 시작했습니다. 평소 두 자녀 중 딸아이가 자신을 전혀 닮지 않았다는 생각에 아내의 부정을 의심해 오던 안씨는 급기야 부인 몰래 사설 연구소에 가족의 DNA 검사를 의뢰했던 것이죠. 그 결과 안씨는 딸뿐 아니라 아들까지도, 엄마의 자식은 맞지만 아빠의 아이는 아니라는 충격적인 결과를 전해 받았습니다. 안씨는 아내에 대한 실망감과 분노로 인해 폭력을 휘두르게 되었고, 아내는 점점 난폭해져 가는 남편을 견디다 못해 별거에 들어갔고 자신의 결백을 주장하며 재검사를 요구했습니다. 이에 안씨 부부는 다시 대학병원 법의학연구소를 찾아가 DNA 검사를 하게 되었습니다.

그런데 이번에는 두 아이 모두 안씨 부부의 자식이 확실하다는, 이전과는 전혀 다른 검사 결과를 받게 되었습니다. 결국 일의 자초지종을 따져 보니 앞서 조사한 사설 연구소에서 실수로 안씨가 아닌 엉뚱한 사람의 DNA를 검사했다는 사실이 밝혀지게 되었지요. 이를 알게 된 안씨는 아내에게 사과했지만 이미 사건은 엎질러진 물이었고, 안씨의 가정은 말 그대로 풍비박산이 난 뒤였지요.

DNA 검사란 말은 이제 더 이상 낯선 단어가 아닙니다. 수사드라마인 〈CSI〉에서는 매회 빠지지 않고 DNA 검사를 통해 범인 혹은 피해자의 신분을 파악합니다. 뿐만 아니라 수사와는 전혀 관계없는 드라마 〈미우나 고우나〉에서도 주인공 강백호가 봉만수 회장의 아들인지 밝히기 위해 DNA 검사를 했을 만큼 유전자 검사는 우리 생활에서 멀지 않은 존재가 되었답니다. 그렇다면 이 DNA 검사는 어떻게 하는 걸까요?

어떤 이들은 DNA 검사라고 하면 우리의 DNA가 어떤 뉴클레오티드로 구성되어 있는지를 알려 주는 검사라고 생각합니다. 물론 실제로 이런 검사도 있습니다. 바로 인간게놈 프로젝트에서 사용했던 검사가 이것이죠. 인간게놈 프로젝트란 인간의 유전자의 총체를 유전체, 즉 게놈(genome)의 모든 염기서열을 분석하여 유전자 지도를 그리기 위해 시작된 프로젝트입니다. 분자생물학과 유전학이 발달하던 1980년대 말, 미국의 국립보건원과 에너지성(Department of Energy, DOE)을 중심으로 인간의 유전자 전체를 파악하려는 '인간게놈 프로젝트'에 대한 논의가 시작되었습니다. 그리고 드디어 1990년 10월, 인간의 유전자 전체를 파악하여 인간의 본성에 접근한다는 야심찬 목표를 가지고 인간게놈 프로젝트가 공식적으로 시작되게 됩니다. 인간게놈 프로젝트란 인간의 DNA 전체, 즉 30억 쌍의 뉴클레오티드가 지닌 염기들의 서열을 모두 분석해서 인간이라는 생명체를 만들어 내는 생명의 지도를 그리겠다는 거대한 계획이었지요.

인간 유전체의 염기서열을 읽는다는 것. 그 일은 말처럼 쉬운 일이 아닙니다. 일단 인간의 DNA는 너무나 길기 때문에 한꺼번에 읽어 내는 것은 불가능합니다. 따라서 먼저 인간의 DNA를 한 번에 읽는 것이 가능한 길이로 잘라 내야 합니다. 마치 줄자로 길이를 잴 때, 재고 싶은 대상이 너무 길면 줄자를 여러 번 갖다 대야 하는 것처럼 말이죠. 이렇게 DNA를 작게 잘라서 염기서열을 읽고 나면, 이제는 각각의 DNA 조각들을 순서대로 맞춰서 배열해야 합니다. 그런데 인간의 DNA는 매우 길기 때문에 한 번 읽어 내려면 잘려진 조각의 숫자가 많을 뿐 아니라, 이 DNA 조각들에 번호가 붙어 있는 것이 아니기 때문에 이들을 다시 순서대로 배열하기가 여간 어려운 것이 아닙니다. 따라서 인간게놈 프로젝트가 처음 시작될 때 15년 정도(2005년)를 예상하고 시작한 것도 결코 무리는 아닙니다. 그런데 중간에 원래 국립보건원의 게놈 프로젝트팀에 있다가 방출당한 크레이크 벤터(J. Craig Venter, 1946~)가 세운 셀레라 제노믹스 사(Celera Genomics)가 획기적인 DNA 염기서열 분석법을 제시해 갑자기 연구에 가속이 붙었고, 결국 지난 2000년에 인간게놈 지도의 초안이 완성된 바 있습니다.

범죄 해결, 친자 소동에는 'DNA 지문'으로

이처럼 인간의 유전체 전체를 읽어 낸다는 것은 쉬운 일이 아닙니다. 하지만 드라마 〈CSI〉에서는 범인의 피 한 방울로도 순식간에 DNA 검사를 끝마치며, 현실에서도 DNA 검사는 며칠 정도면 충분히 결과가 나올 수 있습니다. 여기에서 이야기하는 DNA 검사란 것이 DNA의 염기서열을 분석하는 것이 아니기 때문입니다. 흔히 범죄수사나 친자 감별에서는 DNA 전체의 염기서열을 모두 읽을 필요는 없습니다. 다만 두 DNA가 일치하는지 아닌지, 혹은 얼마나 비슷한 특징을 공유하는지만 구별하면 되니까요. 다행히도 DNA에는 사람마다 모두 다르다고 하는 지문과 마찬가지로, 개인마다 다른 특징을 나타내는 부위가 있습니다. 그래서 전체 DNA를 다 분석하지 않더라도 이 부위만 있으면 각 개인의 DNA의 구별이 가능하답니다. 이렇게 개인마다 다른 특징을 나타내는 DNA의 특정 부위를 'DNA 지문(DNA fingerprinting)'이라고 합니다. 그리하여 1980년대 영국의 유전학자 알렉 제프리스(Alec Jeffreys)에 의해서 개인의 DNA를 구별하여 범죄 해결이나 친자 소송 등에 응용하는 길이 열렸습니다. 이렇게 DNA 지문을 감별하는 것이 가능한 이유는 개인의 DNA마다 'Variable Number of Tandem Repeats(VNTR)'라고 불리는 부위가 있기 때문입니다.

DNA에서 이 부위는 특정한 기능을 수행하는 유전자를 담고 있는 부분은 아니지만, 개인마다 차이가 심하게 나타나는 부위입니다. 따라서 이 부분에 제한효소를 처리하게 되면, 사람마다 잘라지는 부위의 길이가 차이가 납니다.

예를 들어 봅시다. 만약 반 전체 아이들에게 자유 주제를 가지고 A4 용지에 작문을 하게 한다면, 아이들은 저마다 모두 다른 글을 써 낼 것입니다. 내용도 다를 뿐 아니라 길이도 다른 글을 말이죠. 그러면 이 작문들을 모두 모으고, 글을 읽으면서 특정 글자(예를 들면 '다' 자나 '것' 자 등)가 쓰여진 부분이 나오면 무조건 문장을 끊어서 다시 배열한다고 생각해 보세요. 아이들마다 글을 다르게 썼기 때문에, 새롭게 배치된 문장의 길이는 아이들마다 다를 거예요. 특정한 글자를 많이 쓴 아이들의 글은 재배치하면 짧은 문장이 여러 개 나타나겠지만, 그렇지 않은 아이들의 글은 재배치하면 두세 개의 긴 문장으로만 표현되기도 할 겁니다. 만약 문장을 재배치하자 어떤 두 글의 문장 길이가 완벽하게 똑같다면, 이는 두 글이 같기 때문에 이런 현상이 일어난다고밖에는 볼 수 없을 것입니다. 누군가 다른 친구 것을 그대로 베꼈던 것이죠.

이처럼 DNA 지문을 측정한다는 것은 DNA 염기서열을 조사한다는 것이 아니라, 사람마다 서로 다르게 가지고 있는 DNA 부분을 특정 제한 효소로 잘라서 나오는 DNA 조각들의 길이를 비교해 본다는 말입니다. 이를 위해서는 잘려진 DNA를 특정한 염료로 처리한 뒤, 전기영동법으로 살펴보면 됩니다. 전기영동법이란 잘려진 DNA 조각들을 한천으로 만든 얇고 투명한 젤의 내부에 부은 후, 전기를 흘려 주는 실험을 말합니다. DNA를 젤에 붓고 전기를 걸어 주면 전기의 흐름에 따라 DNA가 젤을 타고 움직이는데, 이때 길이가 긴 DNA는 아무래도 몸이 무겁고 복잡해 많이 움직이지 못하고, 길이가 짧은 DNA는 같은 시간 동안 젤 속에서 훨씬 더 많이 움직일 수 있습니다. 이건 마치 몸이 가벼운 육상 선수와 뚱뚱한 스모 선수가 달리기를 했을 때 육상 선수가 더 빠른 것과 같은 이치이지요. 따라서 DNA 조각들을 젤에 넣고 전기를 흘려 준 뒤, 일정 시간이 지나면 DNA 조각들이 각자의 크기에 따라서 배열이 되는데, 맨눈으로는 보이지 않지만 자외선(UV)을 쐬어 주면 DNA에 미리 처리해 놓은 시약이 형광 빛을 내면서 보이게 되지요. 또한 결과를 필름에 감광해서 인화시켜도 DNA 조각들의 배열을 볼 수 있습니다.

범죄 수사에서 사용되는 DNA 검사도 마찬가지 방법으로 이루어집니다. 요즘에는 거의 다 기계화되어 있기는 하지만 기본적으로 범죄 현장에서 얻은 DNA와 용의자의 DNA를 같은 종류의 제한효소로 자른 뒤에, 이 잘라진 DNA 조각들을 전기영동법으로 분리시켜 나타나는 패턴을 보는 것이지요. 이 밴드의 패턴이 정확히 일치한다면 이 두 DNA는 동일한 사람에게서 나왔을 확률이 99.9999% 정도 된다고 말할 수 있습니다. 이 방법이 현재 가장 많이 이용되고 있는 분야는 범죄 수사 분야입니다. DNA 검사법이

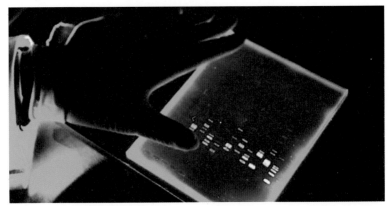

전기영동법에 의해 크기별로 구분된 DNA. 사진에서 보이는 네모난 젤의 아래쪽에 보이는 작은 홈에 DNA를 넣고 전기를 흘려 주어 이동한 거리를 토대로 DNA를 크기별로 분류해 낼 수 있는데, DNA 조각이 클수록 움직임이 느리기 때문에 아래쪽 홈에 가까운 밴드일수록 큰 조각의 DNA이며 멀수록 작은 조각의 DNA라고 판단할수 있다.

도입된 이래로 예전 같으면 미궁에 빠졌을 사건들도 해결되는 비율이 높아졌지요. 현재 많은 선진국에서는 DNA 검사를 범죄 수사에 이용하고 있는데, 미국에서는 범죄자의 DNA를 데이터베이스화시켜 저장해 두어 범죄 수사에 이용하고 있습니다. 그 데이터베이스가 바로 CSI에 자주 등장하는 단어인 'CODIS(Combined DNA Index System)'이죠. CODIS에서는 확실한 비교점이 되는 13개의 핵심 포인트를 선정하여 검사의 효율성을 높이고 있습니다. 즉, 범죄 현장에서 발견된 DNA와 용의자의 DNA를 검사하였더니 13개 핵심 포인트가 모두 일치한다면, 이 용의자는 범죄 현장에 있었다는 것을 증명할 수 있다는 것이죠. 그리고 이렇게 DNA를 데이터베이스화시키고 비교 포인트를 분명하게 지정해 주었기 때문에 예전에 비해 DNA 검사의 속도가 매우 빨라지게 되었답니다.

DNA를 이용한 친자 검사도 마찬가지 방법을 이용합니다. 우리는 모두 부모로부터 DNA를 물려받기 때문에 친자 관계에 있는 사람들은 DNA 패턴이 비슷해서 일치하는 부분이 많이 나타납니다. 예를 들어 앞서 말한 드라마 〈미우나 고우나〉의 봉만수 사장과 강백호의 DNA를 이용해 친자 검사를 한다고 칩시다. 이런 친자 검사에서는 몇 개의 포인트를 정해서 비교하는데, 봉만수 사장과 강백호의 DNA가 13군데의 비교 포인트 중에 여섯 개가 일치한다고 나왔다면 확률적으로 둘의 DNA는 1/2이 같다고 볼 수 있습니다. 결국 강백호는 봉만수 사장의 아들임이 유력해지는 것이죠.

이처럼 범죄 수사에 이용되는 DNA 지문은 단지 두 DNA가 같은지 다른지, 그것만을 알 수 있습니다. 하지만 앞서 말했듯이 비교 대상이 없다면 범위를 넓혀서 이 DNA 속에 어떤 유전자가 들어 있는지를 파악해 이용할 수도 있습니다. 예를 들어 드라마 〈CSI〉의 한 에피소드 중에서 범죄 현장에서 발견된 DNA를 분석해 보니, 범인이 누구인지는 모르겠지만 빨강머리에 녹색 눈을 가진 백인일 것이라는 추측을 하는 장면이 있습니다. 그리고 CODIS에 범인은 아니지만 범인과 비교 포인트가 유사한 DNA가 발견되었으므로 범인은 이 사람의 친족일 가능성이 높다고 파악하고 수사에 들어가는 이야기도 등장합니다. 아직 인간의 유전자가 모두 밝혀진 것이 아니어서 DNA만으로 개인의 특성을 예측하는 것은 초보적인 수준에 불과하지만, 앞으로 인간을 구성하는 모든 종류의 유전자의 염기 서열이 다 밝혀지고 이 유전자가 DNA의 어느 부분에 위치하는지를 확실히 파악할 수 있게 된다면, DNA만으로 개인의 특성을 상당 부분 밝혀낼 수 있는 시대가 올지도 모릅니다. 여기까지 생각이 미치니 새삼 우리 몸속에 들어 있는 작은 DNA가 매우 커다랗게 다가옵니다.

복제양 돌리가 우리에게 전하는 메시지

수없이 많은 실패 끝에 탄생한 복제양

우리는 지금까지 유전물질의 정체와 유전이 도대체 어떻게 일어나는지에 대해서 알아보았습니다. 유전에 있어서 가장 중요한 사실은 'DNA가 유전물질'이라는 사실입니다. 그리고 드디어 1996년이 사실을 완벽하게 증명해 주는 사건이 일어납니다.

1996년 7월 5일, 영국의 한 연구소에서는 몇 명의 연구자들이 모여 한 마리의 양을 돌보고 있었습니다. 배가 불룩한 이 암양은 지금 막바지 진통을 겪고 있는 중이었지요. 얼마나 기다렸을까, 양막에 둘러싸인 작은 새끼 양이 드디어 '매애~' 하는 첫 울음을 터

트렸습니다. 그리고 곧이어 연구자들의 커다란 환호성이 새끼 양의 가냘픈 울음소리를 덮어 버렸습니다. 그러나 그 환호성도 이 새끼 양이 세계에 미칠 파장에 비하면 보잘것없는 것이었습니다. 역사상 가장 유명한 새끼 양, 돌리(Dolly)가 탄생하는 순간이었거든요.

새끼 양 한 마리가 세상을 발칵 뒤집을 수 있었던 것은 돌리가 보통의 양과는 조금 다른 방식으로 태어났기 때문입니다. 돌리는 보통의 양처럼 암양과 숫양이 교미를 해서 태어난 것이 아니라, '체세포 핵치환' 법을 이용해 태어났습니다. 즉, 일반적으로 새끼 양이 암양의 난자에 숫양의 정자가 결합되어 발생하는 것과는 달리, 돌리는 핵을 빼 버린 암양의 난자에 다른 양의 체세포에서 뽑아낸 핵을 주입시켜 발생시키는 방식으로 태어났기 때문입니다.

생명 탄생의 과정을 보면 난자와 정자가 합쳐지면서 그들의 반쪽짜리 DNA가 하나로 합쳐져 새로운 개체가 태어나는 것을 알 수 있습니다. 그러나 이 과정을 알았다고 해도 DNA가 생명의 설계도라는 것에 대해 완벽한 증명은 되지 못합니다. 이건 마치 수학문제를 풀고 난 뒤 답이 정확한지 알기 위해서는 거꾸로 검산하는 과정을 거쳐서 제대로 맞아 떨어져야 하는 것처럼 말이죠. 마찬가지로 DNA가, 그것도 핵 속에 들어 있는 DNA가 생명의 설계도 전체라면 이 DNA만으로도 새로운 생명이 만들어진다는 것을 보여야 합니다. 즉, 난자의 반쪽짜리 DNA를 빼내고 여기에 다른 세포에서

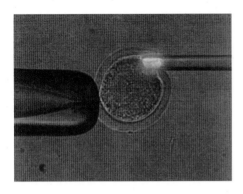

난자에 핵을 주입하는 모습. 이처럼 핵치환 과정은 아무리 조심스럽게 진행하더라도 난자에 물리적으로 커다란 충격을 주는 일입니다.

뽑아낸 온전한 DNA만을 넣어 주더라도 발생이 진행된다는 것을 증명한다면, DNA가 생명을 만드는 가장 중요한 물질이라는 사실이 완벽하게 증명됩니다.

그러나 이 실험에 대한 아이디어가 나온 지 수십 년이 지났어도, 고등동물에서 다 자란 성체의 세포에서 빼낸 핵을 이용해 완전한 개체를 만드는 실험은 아직까지 성공하지 못했습니다. 일단 포유동물의 경우 난자는 체내에 존재하기 때문에 채취하기도 어려울 뿐만 아니라, 이 난자를 실험실에서 인공적으로 키우는 것도 쉽지 않습니다. 게다가 아주 작은 세포에 불과한 난자에 바늘을 찔러 넣어 핵을 뽑아내고, 여기에 다시 다른 세포에서 뽑아낸 핵을 넣어 주는 과정은 아무리 조심스럽게 실험한다고 하더라도 난자에게는 커다란 충격이기 때문에 — 아무리 가느다란 바늘이라고 하더라도 난자 입장에서는 커다란 대못처럼 느껴질 테니까요 — 난자들의 태반이 이 충격을 이기지 못하고 죽어 버리곤 하거든요. 게다가 간

신히 충격을 이겨 냈다고 하더라도 정상적으로 발생하지 못하는 경우도 많고, 혹은 정상적으로 발생하여 자궁 속에 이식하였다 해도 유산이나 사산이 자주 일어나기 때문에 완전히 자라 정상적으로 태어난 개체를 얻기란 정말 힘든 일입니다. 특히나 아무리 조심스럽게 실험해도 이유 없이 유산 혹은 사산되는 개체가 많이 나타나자, 학자들은 사람을 비롯한 고등동물의 경우, 각 세포가 너무 심하게 특화되어 있어서 — 뇌세포와 간세포와 근육세포는 그 출발은 모두 수정란에서 시작되었지만, 모양이나 기능이 완전히 틀리거든요 — 다시 처음으로 되돌아갈 수는 없다는 결론을 내려야 한다고 생각했습니다. 그런데 바로 이 시점에서 돌리가 태어난 것입니다. 이를 통해 성숙한 포유동물의 DNA라도 원점으로 돌아가 다시 생명체를 발생시킬 수 있는 가능성을 가지고 있다는 사실이 증명되었습니다.

물론 돌리 역시 수없이 많은 실패를 통해 태어난 건 마찬가지입니다. 돌리를 만들기 위해 사용된 난자의 수는 무려 277개, 이 중에서 자궁 내 이식이 가능할 정도로 자라난 것은 겨우 27개뿐이고, 이 27개의 양 배아 중 유산이나 사산되지 않고 정상적으로 태어난 것은 단 하나, 돌리뿐이었습니다. 돌리는 태어난 뒤에도 한참 동안 베일 속에서 살았습니다. 갓 태어난 새끼양이 혹시나 선천적인 이상이 있어 얼마 살지 못하고 사망하는 일이 일어날까 봐, 로슬린 연구소(Roslin Institute)는 7개월 동안이나 돌리의 탄생 사실을 숨

세계 최초로 태어난 복제양 돌리(왼쪽)와 돌리를 낳은 대리모(오른쪽). 돌리는 이 대리모의 몸에서 태어났음에도 대리모는 전혀 닮지 않았고, 핵을 제공한 어미의 특성을 그대로 가지고 있다.

겼고, 완벽히 건강하다고 판단이 된 후에야 세상에 공표했기 때문이지요. 그래서 돌리의 탄생은 1997년이 되어서야 비로소 세상에 알려졌지만, 알려진 그 순간부터 커다란 관심이 집중되었습니다.

흥미로운 것은 돌리를 만들어 낸 윌머트 박사(Ian Wilmut, 1944~) 팀이 돌리 실험을 시작할 때부터 핵을 제공한 양과 난자를 제공한 양, 그리고 대리모 양을 서로 다른 종류를 사용했다는 점입니다. 이는 돌리가 이 세 양 중에서 어느 양을 닮아서 태어날지를 쉽게 확인하기 위해서였지요. 그리고 돌리는 이 세 마리의 엄마(?) 중에서 핵을 제공한 엄마의 특징을 그대로 닮아 태어났습니다. 이것으로 DNA는 생명체의 유전물질이며 전체 설계도라는 사실이 완벽하게 증명되었답니다.

돌리의 탄생은 다 자란 고등 포유류도 복제를 할 수 있다는 사실을 증명하면서, 동시에 같은 포유류의 일종인 사람도 복제가 가능할 수 있겠다는 생각을 하게 합니다. 그래서 2000년대 초반에 '클로네이드' 같은 다소 의심스런 종교집단에서 복제 아기를 만들었다는 엉뚱한 발표를 하기도 했지만, 이는 결국은 해프닝으로 끝났습니다. 사람들은 이제 복제인간보다는 복제된 수정란에서 얻을 수 있는 줄기세포의 존재에 대해서 더욱 관심을 갖게 됩니다.

줄기세포는 만능세포?

우리들은 모두 엄마의 난자와 아빠의 정자가 합쳐져 생긴 수정란이라는 단 하나의 세포로부터 출발했습니다. 이 수정란은 분열에 분열을 거듭해 우리 몸을 이루는 약 50~100조(兆) 개의 세포로 나누어졌습니다. 수정란이 분열하던 초기 시기에 만들어진 세포들은 아직 정해진 길이 없습니다. 마치 찰흙을 주물러서 모양을 만들기 전에는 어떤 모양으로 바뀔지 알 수 없는 것처럼요. 그러나 일단 어느 순간을 지나서 특정한 세포(뇌, 간, 심장, 근육 등)로 분화되고 나면 이 세포들은 다시 이전으로 되돌아가지 않도록 하는 스위치가 작동하게 됩니다. 찰흙 작품을 불에 구우면 딱딱하게 굳어 다시는 처음처럼 말랑말랑해지지 않는 것처럼 말이죠. 이렇게 아직 말랑말랑한 찰흙, 즉 아직 운명이 정해지지 않아 어떤 세포로도 변신할 수 있는 능력을 가진 세포를 우리는 줄기세포(stem cell)라고 합니다. 커다란 나무 줄기에서 모든 가지가 뻗어 나가듯 모든 세포로 변화될 가능성을 가지고 있어서 이런 이름이 붙었지요.

줄기세포는 말 그대로 만능세포이기 때문에 적절히 유도하는 방법만 찾아낸다면 우리가 원하는 어떤 세포로든 분화시킬 수 있습니다. 그리고 이 줄기세포를 의학적으로 이용하는 것은 기존의 의학 개념을 뛰어넘는 새로운 치료 방법, 즉 이식의학(Transplantation Medicine)을 가능하게 해 주기에 의학의 개념 자체를 흔들어 놓는 파장을 지니고 있답니다.

예를 들어 볼까요? 요즘에는 당뇨병으로 고생하는 사람이 많은데, 당뇨병이란 췌장의 랑게르한스섬 베타세포의 기능이 떨어져 이 세포가 인슐린을 제대로 분비하지 못해 체내의 혈당을 조절하지 못하는 병입니다. 지금까지의 의학은 몸이 정상을 벗어나면 모자라는 부분을 보충하는 방식으로 환자를 치료했습니다. 즉, 인슐린이 모자라서 당뇨병이 생기는 것이니 모자란 인슐린을 외부에서 보충하는 식이죠. 따라서 당뇨병 환자들은 인슐린 주사를 매일 맞아야 합니다. 이런 식의 치료 방법은 당장에는 효과를 얻을 수 있을지 모르지만 병의 원인을 근본적으로 제거하는 것이 아니기 때문에 완치를 보장해 주지는 못합니다. 모자라는 인슐린이야 주사로 얻는다지만, 이미 망가진 췌장세포를 되돌릴 방법은 없으니까요.

그러나 여기에 줄기세포가 들어가면 문제는 달라집니다. 만약 우리가 줄기세포를 이용해 건강한 췌장세포를 만들 수 있다면, 환자의 병든 췌장을 건강한 췌장으로 바꾸어 이식할 수 있으니 환자는 더 이상 인슐린 주사를 맞지 않아도 됩니다. 끝이 없는 듯 절망적이었던 난치병의 완치가 가능해지는 것이죠. 이런 식으로 생각해 보면 줄기세포의 효용성은 무궁무진합니다. 고장 난 부위의 세포가 무엇인지 파악해 줄기세포로 이를 만들어 대체해 주면 되니까요. 곧 사람들은 줄기세포가 가진 엄청난 효용성에 긴장하기 시작했습니다. 돌리의 탄생은 인공적으로 수정란을 얻을 수 있는 방법에다가 수정란을 발생시켜 초기에 생겨나는 줄기세포를 얻는 방법도 알려 주었습니다. 그러나 문제는 줄기세포를 치료 목적으로 사용하기 위해서는 이를 실험실에서 대량으로 인공 배양하는 것이 반드시 필요한데, 줄기세포만을 인위적으로 배양하는 것은 어려운 일이었거든요.

그러나 좋은 소식이 들려왔습니다. 1998년 10월 미국 위스콘신대의 발달생물학자 제임스 톰슨 박사(James A. Thomson)와 존스홉킨스대 존 기어하트 박사(John Gearhart)가 인간의 배아를 이용해 줄기세포의 다량 인공배양에 성공했습니다. 그리고 이를 이용해 신경세포와 심장세포 등 몇 가지 종류의 특정한 세포로 분화시키는 것까지 성공시켰다고 발표했습니다. 이제 상상으로만 가능했던 줄기세포를 이용한 치료에 대한 기대는 점점 현실화되는 듯싶었습니다. 그러나 아직도 문제는 남아 있었죠.

어이없는 사기 행각과 죄 없는 피해자들

톰슨 박사의 연구 이후 줄기세포를 인위적으로 배양하는 것은 이제 어려운 일이 아니게 되었습니다. 무슨 일이든 처음이 어려운 법이지, 일단 방법을 알고 나면 그 사람의 노하우를 배우면 되니까요. 그러나 문제는 톰슨 박사는 줄기세포를 시험관 수정 이후 남은 배아를 이용해서 얻었다는 것이었습니다. 불임부부들이 아기를 낳기 위해 마지막으로 선택하는 시험관 아기 시술은 엄마 아빠의 난자와 정자를 몸 밖으로 꺼내 시험관에서 인위적으로 수정시켜 수정란을 만든 뒤, 이를 3~5일 정도 키워서 수십 개의 세포 덩어리로 이루어진 배아(胚芽) 단계로 접어들면, 이를 엄마의 자궁에 이식하는 방식으로 이루어집니다.

이렇게 만들어진 배아들의 임신 성공률은 30% 정도에 불과하기 때문에 보통 시험관 시술 시에는 실패할 경우를 대비하여 여러 개의 배아를 만들어 일부는 임신을 시도하고, 일부는 다음 시도를 위해 -197℃의 액체질소 탱크에 보관하게 됩니다. 그리고 운이 좋아 첫 번째 시도에 성공하게 되면 냉동된 배아는 시험관 시술을 받은 부부가 아이를 더 원할 때를 대비해 보관하게 되는데, 아무리 액체질소에 보관한다고 하더라도 5년이 지나면 시험관 시술을 다시 시도할 수 없기 때문에 폐기되게 됩니다. 톰슨 박사는 이런 폐기되는 수정란을 이용하여 줄기세포의 인공 배양에 성공한 것입니다.

그런데 이렇게 이미 만들어진 냉동 배아를 이용하는 것은 여러 가지 문제를 지닙니다. 그중 하나는 윤리적인 문제입니다. 같은 배아들이라도 엄마의 자궁에 이식된 배아는 하나의 인간으로 성장하는 데 반해, 실험실로 보내진 배아는 줄기세포 추출을 위해 파괴되어야 합니다. 정자와 난자가 수정되는 순간부터 하나의 생명으로 인식하는 일부 종교계에서는 이를 생명에 대한 모독이며 생명 경시 풍조의 극단으로 치부합니다. 또한 이 방식은 실제 적용에도 한계가 있습니다. 그보다 우리가 줄기세포를 배양하기를 원하는 이유가 무엇이라고 생각하나요? 바로 질병을 치료할 목적이지요. 줄기세포를 이용해 건강한 세포를 만들어 고장 난 세포를 대치하려고 할 때 여기서 우리는 면역거부반응이라는 것을 간과할 수 없답니다. 하다못해 수혈을 하더라도 혈액형이 맞아야 하고, 장기이식을 할 경우에는 조직의 면역 체계가 적합해야 가능합니다. 마찬가지로 줄기세포를 이용한 치료용 세포 이식도 환자와 이식되는 세포가 면역거부반응을 일으키지 않아야 이식이 가능합니다.

그런데 톰슨 박사의 방법은 타인의 수정란을 이용하는 것이기 때문에, 면역거부반응에 대한 문제가 미지수로 남습니다. 전혀 다른 타인이라도 조직적합성이 일치하는 경우도 있지만 — 그래서 타인에게 장기기증이 가능한 것이죠 — 그런 경우는 사실 드문 편입니다. 즉, 이미 수정된 배아를 이용한 줄기세포를 실제 의학적 치료에 이용되기 위해서는 엄청난 데이터베이스를 갖춘 '줄기세포 은행'이 만들어져야 가능하기 때문에 이는 실제로 적용하기에는 매우 까다로운 방법입니다. 이 문제를 해결하기 위해서는 새끼 양 돌리를 만드는 방법과 같은 방법, 즉 난자의 핵을 빼내고 거기에 환자의 세포에서 추출한 핵을 집어넣어 발생시키는 방법으로 환자의 유전자 타입과 꼭 맞는 줄기세포를 만들어야 합니다. 즉, 인위적인 체세포 핵치환을 통해 줄기세포를 만들어 내야 한다는 말이지요.

지난 2004년과 2005년, 황우석 박사가 과학저널 「사이언스」를 통해 발표해서 전 세계를 뒤흔들었던 논문은 바로 이런 기초에 의거하여 쓴 것입니다. 이 두 논문의 발표 이후 전 세계 난치병 환자들은 자신들에게 한 줄기 희망의 빛이 드리워졌다고 생각했을 것입니다. 하지만 얼마 지나지 않아 그가 발표한 논문이 모두 조작된 것이며 아직까지 이 분야에서 성공을 거두지 못했다는 사실이 알려집니다. 이로 인해 수많은 난치병 환자들은 또다시 끝을 알 수 없는 절망의 나락으로 떨어졌습니다. 우리 사회가 황우석 박사를 쉽게 용서해서는 안 되는 이유는 실험 결과를 조작해서 과학자로서의 윤리를 저버렸다는 것뿐만 아니라 그의 논문에 모든 희망을 걸었을 많은 난치병 환자들에게 지울 수 없는 상처를 주었다는 것에 있습니다.

episode 4 | 우리는 왜 형광돼지를 만드는가?

FBI와 공조 중인 제퍼소니안 박물관에서 일하고 있는 안젤라. 그녀가 맡은 일은 유골만 남은 사체의 두개골을 분석해 고인의 생전의 모습을 그려 내는 일이다. 가뜩이나 평범하지 않은 직업으로 인해 머리가 아픈데, 그녀를 괴롭히는 일이 또 하나 있다. 그것은 바로 결혼을 앞두고 있는 자신이 알고 보니 유부녀였다는 것. 이유인즉, 그녀가 같은 팀 동료인 하진스와 사랑에 빠졌고 결혼식을 올리려고 하던 찰나, 자신이 이미 5년 전에 다른 남자와 혼인 신고를 했고 그 사람과의 이혼이 성립되지 않았기 때문에 결혼을 할 수 없다는 사실을 알게 된 것이다. 그녀는 5년 전 휴가를 떠났던 피지에서 술에 잔뜩 취해 현지에서 만난 남자랑 하룻밤의 혈기로 결혼증서에 사인까지 했던 사실을 까맣게 잊고 있었던 것이다. 하진스와의 결혼을 위해 사립탐정까지 고용해서 5년 전 자신이 '결혼했던' 남자를 찾아낸 안젤라. 하지만 정작 그는 아직까지도 안젤라를 사랑하고 있으며, 둘이 결혼하던 당시 어두운 밤바다마저도 환하게 빛나며 자신들을 축복해 주었으니 운명은 그들의 것이라며 다시 재결합할 것을 요구한다. 서류상 남편과 현재의 애인 사이에서 괴로운 안젤라. 자신의 경거망동을 탓해 보지만 이미 일은 벌어진 뒤였다.

– 수사드라마 〈본즈(Bones)〉, 시즌 5의 첫 에피소드

사랑에 빠지면 세상 모든 것이 빛나고 있는 것처럼 보일 때가 있습니다. 연인의 얼굴은 마치 후광이라도 비치듯 환하게 빛나서 아무리 사람들이 많이 모여 있는 명동 거리에서도 저 멀리서 걸어오는 연인의 얼굴은 눈에 확 들어오는 법이지요. 그렇지만 사랑에 빠졌다고 해서 과연 어두운 밤바다가 환하게 빛날 수 있을까요?

실제로 안젤라가 하룻밤 실수를 저질렀던 그날 밤, 바다는 별을 뿌려 놓은 듯 빛이 났었죠. 시적인 표현이 아니라, 실제로요. 하지만 그 빛은 둘의 사랑의 힘 때문이 아니라, 두 사람과는 관계없는 생물학적 · 생화학적 현상으로 인해 일어난 일입니다. 바로 바닷물에 사는 발광(發光) 미생물에 의해서 말이죠. 바다 속에 사는 미생물 중에서는 체내에서 빛을 발할 수 있는 능력을 지닌 것들이 있는데, 이런 미생물들이 바다 속 가득히 퍼져 있다가 동시에 빛을 내기 시작하면 마치 하늘의 별이 바다 속으로 내려온 것과 같은 착각을 불러일으킬 수 있지요.

생물발광(生物發光, bioluminescence)이란 생물이나 생물이 분비한 물질 등에 의해서 빛이 발생되는 현상을 말합니다. 반딧불이의 꽁지에서 나오는 불빛이 대표적인 생물발광 현상입니다. 생물발광 현상은 화학적인 에너지가 빛 에너지로 변하는 과정을 통해 생겨나는데, 이때 전환되는 에너지의 효율은 거의 100%로, 열이 거의 발생하지 않습니다. 그래서 반딧불이의 반딧불은 손으로 잡아도 전혀 뜨겁지 않습니다. 인간이 만들어 낸 빛 발생 장치는 주로 전기 에너지를 빛으로 변화시키는데, 열효율이 떨어지기 때문에 많은 양의 에너지가 빛이 아니라 열로 발산되어 버립니다. 실제로 백열등의 경우, 투입된 전기 에너지의 약 5% 정도만이 빛을 내는 데 이용되고, 나머지 95%는 열로 변해서 공기 중으로 사라진다고 해요. 따라서 불이 켜진 백열등을 맨손으로 만졌다가는 화상을 입을 수도 있지요. 백열등에 비해 효율이 높은 것으로 알려진 형광등조차도 에너지 효율이 25% 정도에 불과하기 때문에, 백열등보다는 낮지만 그래도 여전히 많은 양의 에너지가 열로 발산되어 버립니다. 그러니 만약 인간이 반딧불이만큼 효율이 좋은 전등을 만들어 낸다면, 인간이 필요로 하는 전기의 양도 상당 부분 줄어들 텐데, 아직까지 이렇게 효율이 좋은 전등은 개발되지 못했답니다.

발광하는 생물체의 종류에 따라 빛을 방출하는 방식은 다양합니다. 반딧불이 종류들을 비롯해 몇몇 미생물들은 빛을 내는 독특한 물질인 루시페린(luciferin)과 루시페라아제(luciferase)를 이용해 빛을 냅니다. 즉, 루시페린은 원래 산소 분자와 결합해 산화되면서 빛을 방출시키는 독특한 물질인데, 이때 루시페라아제는 루시페린과 산소의 결합을 촉진시키는 촉매의 역할을 합니다. 이때 빛은 루시페린이 모두 산화되어 기능을 잃을 때까지 지속되지요.

루시페린 이외에도 빛을 내는 물질들은 또 존재합니다. 해파리나 크릴새우, 바다 속에 사는 빛을 내는 작은 벌레들 중에는 빛을 낼 수 있는 일종의 '광단백질'을 가지고 있는 경우가 많습니다. 예를 들어 해파리과의 한 생물은 바닷물 속에 들어 있는 칼슘 이온과 만나면 빛을 내는 광단백질을 가지고 있고, 바다 속에 사는 벌레의 일종은 철

이온과 만나면 빛을 내는 광단백질을 가지고 있어서 각자 환경의 변화에 따라서 빛을 발산합니다.

생물이 어떤 방식으로 빛을 내는지는 각 발광 생물이 가진 광단백질의 종류에 따라 달라지지요. 그런데 여기서 한 가지 의문이 듭니다. 도대체 이 생물들은 왜 빛을 내는 걸까요? 단지 사람들 눈에 예뻐 보이라고 빛을 내는 건 아닐 텐데 말이죠.

생물들이 빛을 발생시키는 가장 중요한 이유는 '먹고살기' 위해서입니다. 빛을 내는 동물들 중 심해에 살고 있는 아귀과의 일종은 길게 자라난 지느러미의 일종에서 빛을 발생시켜 이 불빛을 보고 접근한 물고기들을 잡아먹습니다. 마치 어두운 밤에 오징어 낚시를 하는 사람들이 불을 켜 놓고 오징어를 유인하는 것처럼, 이 심해어도 어두운 곳에서 먹잇감들을 유인하기 위해 빛을 만들어 내는 것이죠. 빛이 닿지 않는 어두운 심해에 사는 물고기들 중에 빛을 내는 물고기들이 많은 것도 같은 이유에서입니다. 심해어의 발광 현상은 먹이를 유인하는 데도 좋을 뿐 아니라, 주변을 밝혀서 암초나 기타 다른 방해물을 피하는 데도 유용하게 사용된답니다.

또한 발광물질을 만들어 내는 능력은 먹잇감을 유인할 때뿐 아니라, 적으로부터 자신을 보호하는 데도 중요한 역할을 합니다. 천적을 만난 오징어는 먹물을 내뿜어 적의 시야를 교란시키곤 하는데, 어떤 종류의 오징어는 발광성 먹물을 뿜는 것으로 알려져 있습니다. 보통의 먹물도 적의 시야를 가릴 수 있지만, 이 속에 발광성 물질이 들어 있을 경우 요란한 반짝거림으로 인해 적들은 더더욱 혼란에 빠질 수 있으니까요. 또한 어떤 종류의 물고기들은 발광을 통해 자신의 몸을 더 크게 혹은 더 무섭게 보이게 해서 천적의 공격을 막기도 하지요.

그리고 마지막으로 발광은 짝짓기를 할 때 중요한 신호로 작용합니다. 발광 곤충의 대표주자로 알려진 반딧불이는 날씨가 따뜻해지면 번식기가 온 것을 알아채고 본격적으로 꽁무니를 밝히기 시작합니다. 먼저 수컷이 정확한 간격을 두고 불빛을 깜빡거리기 시작하면 암컷은 이 불빛에 응답하여 신호를 보냅니다. 그러면 수컷은 응답하는 불빛을 통해 암컷을 찾아내지요. 반딧불이는 따뜻한 날씨를 좋아해서 기온이 약 25℃ 정도 되어야 활발하게 불빛을 내기 때문에 반딧불이는 주로 여름철에 '로맨틱한 여름밤'을 연출하는 소재가 되곤 합니다. 반딧불이는 종류에 따라 빛의 색깔, 빛이 깜빡이는 간격, 빛을 밝히는 시간 등이 차이가 나기 때문에, 반딧불이들은 여러 종류들이 섞여 있어도 서로 같은 종의 동료들을 알아볼 수 있다고 합니다.

여름 밤하늘을 수놓는 반딧불, 바다 속 별처럼 빛나는 해파리들은 저마다 다른 사연을 간직하고 반짝거렸지만, 인간에게 있어 이들은 오랫동안 그저 아름다운 존재일 뿐이었습니다. 하지만 최근에 인간들은 이 반짝이는 물질들이 생각보다 더 유용하다는 것을 알게 되었답니다. 그래서 다양한 방면으로 발광물질들을 이용하지요.

생물학적으로 생물발광 현상은 '형질전환' 실험에서 자주 이용됩니다. 가끔 언론에서 형광 빛을 내는 담배나 쥐, 심지어는 닭이나 돼지 같은 동물들을 형질전환을 통해 만들어 냈다고 보도하는 것을 본 적이 있을 것입니다. 그 기사를 접한 뒤, 도대체 형광 빛을 내는 닭 따위를 만들어서 무엇에 쓸까, 하고 생각해 본 적은 없으신가요? 닭이 형광 빛을 발한다고 해서 더 맛있는 것도 아니고, 돼지의 기름기가 적은 것도 아닐 텐데 도대체 왜 닭이나 돼지를 반짝거리게 만드느냐고요. 사실 형광 닭이나 돼지는 신기하기는 하지만, 그 자체가 중요한 것은 아닙니다. 이때 형광물질은 단지 '형질전환'이 정확하게 일어났다는 것을 알려 주는 증거일 뿐이지요.

이해하기 쉽게 예를 들어 볼게요. 형질전환이란 살아 있는 세포에 외부로부터 유전자를 넣어 주어, 이 유전자가 가진 형질이 발현되도록 하는 과정을 말합니다. 예를 들어, 국내 연구진이 탄생시킨 돼지 '새롬이'는 인간의 악성 빈혈을 치료하는 물질을 만들어 내는 형질전환 동물입니다. 어떤 종류의 악성 빈혈은 유전적인 결함으로 인해 정상적인 적혈구라면 꼭 가지고 있어야 하는 단백질이 부족해서 생겨나기도 합니다. 따라서 이런 경우, 이 단백질을 외부에서 보충해 주는 것이 병의 증상을 치료하는 데 도움을 줍니다. 그래서 연구팀들은 이 빈혈 치료용 단백질을 만들어 내는 유전자를 인간의 DNA에서 분리해서 돼지의 세포 속에 집어넣어 돼지 세포가 인간의 빈혈 치료용 단백질을 만들어 내게 만들었습니다. 이 과정이 바로 형질전환입니다.

그런데 형질전환을 하고 난 뒤에는 반드시 제대로 형질전환이 되었는지를 확인하는 과정이 필요합니다. 그런데 일단 유전자가 세포 속에 들어가 DNA와 결합된 뒤에는 이 유전자만을 따로 찾아내 검출한다는 것은 쉬운 일이 아닙니다. 따라서 과학자들은 형질전환 시에 우리가 형질전환을 하고 싶은 유전자 뒤에, 이를 확인할 수 있는 유전자를 같이 붙여서 동시에 집어넣는 경우가 많은데, 그중에서 대표적인 것이 바로 형광 유전자를 같이 붙여 넣는 것입니다.

빛을 내는 유전자를 넣은 벡터를 사용하면 이처럼 빛을 내기 때문에 유전자 재조합이 성공했는지를 쉽게 알 수 있답니다. 예를 들어, 돼지의 세포에 인간의 빈혈 치료용 단백질 생산 유전자를 넣을 때, 이 유전자 하나만 넣는 것이 아니라 이 유전자에 형광물질을 만드는 유전자를 같이 붙여 넣는 것이죠. 그리고 나면 이제는 구별이 쉬워집니다. 돼지 세포에 형질전환이 제대로 되었는지를 알아보기 위해서는 그냥 불만 끄고 들여다보면 되니까요. 만약 형질전환이 제대로 일어났다면, 원하는 유전자뿐 아니라 형광유전자까지도 같이 들어갔을 테니 불을 끄고 보았을 때 형광을 발한다면 형질전환이 성공적으로 일어났음을 뜻하는 것입니다. 한번 도입된 형광 유전자는 세포가 분열할 때마다 계속 복제되어 불어나기 때문에, 결국 수정란에 한번 형광 유전자를 도입시키면 그 수정란에서 발생된 개체는 몸 전체의 세포에 형광 유전자가 들어갑니다. 그래서 몸 전체가 빛나는 형광 동물이 탄생되게 되는 것이지요. 물론 형광을 발하는 세포에는 우리가 원하는 유전자도 같이 복제되어 들어 있다고 추정할 수 있고요.

그래서 요즘도 많은 실험실에서는 형광 동물들을 만들어 내고 있는 것이랍니다. 정확하게 말해서는 '형광도 내면서 원하는 유전자도 발현시킬 수 있는 동물' 을 만들어 내는 것이지만요.

인간은 자연에서 일어나는 신기한 현상들을 단지 감탄하는 수준을 넘어서서 그 현상들을 응용하는 유용한 방법들을 개발해 내기도 했습니다. 생물발광 현상에서 형광 유전자를 찾아내었고 이를 이용해서 형질전환에 유용하게 사용하고 있지요. 조금만 다른 각도로 바라보면 세상에는 유용하게 이용할 수 있는 것들이 참 많이 존재한다는 것을 알 수 있습니다.

참고 논문

강석기, 「인간광우병 환자 프리온이 MM형인 이유」, 『과학동아』, 2008년 6월호

구영모, 「유전자 치료 : 기술적 난점, 규제현황, 윤리적 쟁점」, 『의료 · 윤리 · 교육』 제5권 제1호, 2002년

김대식, 「인간게놈프로젝트」, 『과학동아』 2000년 9월호

김동광, 「이데올로기로서의 인간게놈프로젝트-환원주의와 우생학을 중심으로」, 『과학기술정책』 제125권, 2000년

김문영, 「산전 다운증후군 선별 검사의 최신 동향」, 『대한산부회지』 제49권 제1호, 2006년

김연주 외, 「완만동결법을 이용한 생쥐배아의 냉동 시 냉해보호제 Ethylene Glycol의 효용성」, 『대한산부인과학회지』 제49권 제7호, 2006년

김은미, 「선천성 대사이상 환자의 맞춤형 영양관리」, 『대한지역사회영양학회지』 제10권 제3호, 2005년

남명진, 「유전정보의 보호」, 『분자세포생물학뉴스』 제18권 제3호, 2006년

민우성, 「골수이식」, 『대한중한자의학회지』 제16권 제1호, 2001년

변종희, 「유전자 치료의 현황과 전망」, 『생화학분자생물학뉴스』, 2005년

이광호, 「한국인 유전병 병인규명과 진단법 개발 및 종합관리체제구축에 관한 연구」, 보건복지부 지원 '보건의료기술연구개발사업' 연구보고서, 2001년

이근창, 「보험과 고용에 있어서의 유전자 차별」, 『산경연구』 제10호, 2002년

이숙환 외, 「유전질환의 착상전 진단」, 『대한산부회지』 제41권 제12호, 1998년

차형준, 「녹색형광단백질의 재조합 단백질 생산공정에의 응용」, 『한국생명과학회-학술심포지움』 제39회, 2003년

참고 도서

제임스 왓슨, 이한음 옮김, 『DNA : 생명의 비밀』, 까치글방, 2003년

쿠로타니 아케미, 최동헌 옮김, 『교과서보다 쉬운 세포 이야기』, 푸른숲, 2004년

한스 요나스, 이유택 옮김, 『기술, 의학, 윤리』, 솔, 2005년

예병일, 『내 몸 안의 과학』, 효형출판, 2007년

고려대학교 생물학과 교수실, 『대학생물학』, 고려대학교출판부, 2007년

브렌다 매독스, 나도선 · 진우기 옮김, 『로잘린드 프랭클린과 DNA』, 양문, 2004년

황신영, 『멘델이 들려주는 유전학 이야기』, 자음과 모음, 2005년

후쿠오카 신이치, 김소연 옮김, 『생물과 무생물 사이』, 은행나무, 2008년

미첼 콜드웰, 금태섭 옮김, 『세상을 바꾼 법정』, 궁리, 2006년

헨리 해리스, 한국동물학회 옮김, 『세포의 발견』, 전파과학사, 2000년

제니퍼 애커먼, 진우기 옮김, 『유전, 운명과 우연의 자연사』, 양문, 2003년

제임스 왓슨, 하두봉 옮김, 『이중나선』, 전파과학사, 2001년

스티븐 제이 굴드, 김동광 옮김, 『인간에 대한 오해』, 사회평론, 2003년

도로시 넬킨 · 로리 앤드류스, 김명진 · 김병수 옮김, 『인체시장』, 궁리, 2006년

로빈 헤니그, 안인희 옮김, 『정원의 수도사』, 사이언스북스, 2006년

리처드 로즈, 안정희 옮김, 『죽음의 향연』, 사이언스북스, 2006년

데이비드 플로츠, 이경식 옮김, 『천재공장』, 북앤북스, 2005년

이종호 지음, 『천재를 이긴 천재들』, 글항아리, 2007년

스티븐 제이 굴드, 김동광 옮김, 『판다의 엄지』, 세종서적, 1998년

Ronald M. Atlas, 『Microorganisms in our world』, Mosby, 1995

Benjamine Lewin, 『Genes:VI』, Oxford University Press, 1997년

Dale Purves et al, 『Neuroscience』, Sinauer Associates INC, 1997년

〈엔사이버 백과사전〉 참조, 〈브리태니커 백과사전〉 참조

하리하라의 바이오 사이언스

펴낸날	초판 1쇄 2009년 1월 15일
	초판 20쇄 2023년 9월 13일

지은이	이은희
펴낸이	심만수
펴낸곳	(주)살림출판사
출판등록	1989년 11월 1일 제9-210호

주소	경기도 파주시 광인사길 30
전화	031-955-1350 팩스 031-624-1356
홈페이지	http://www.sallimbooks.com
이메일	book@sallimbooks.com

ISBN   978-89-522-1055-5   03470

살림Friends는 (주)살림출판사의 청소년 브랜드입니다.